Thomas Plehn

Entwicklung und Evaluation von kooperativen Optimierungsverfahren

GRIN Verlag

Bibliografische Information der Deutschen Nationalbibliothek:

Die Deutsche Bibliothek verzeichnet diese Publikation in der Deutschen Nationalbibliografie; detaillierte bibliografische Daten sind im Internet über http://dnb.d-nb.de/ abrufbar.

Impressum:

Druck und Bindung: Books on Demand GmbH, Norderstedt Germany
ISBN: 978-3-640-57049-2

Dieses Buch bei GRIN:

http://www.grin.com/de/e-book/146127/entwicklung-und-evaluation-von-kooperativen-optimierungsverfahren

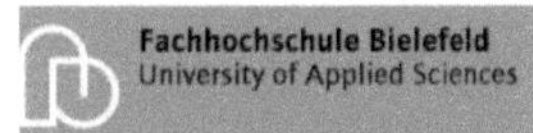

Fachhochschule Bielefeld
Fachbereich Ingenieurwissenschaften und Mathematik
Studiengang Optimierung und Simulation

Entwicklung und Evaluation von kooperativen Optimierungsverfahren

Master-Thesis zur Erlangung des akademischen Grades:
M.Sc. Optimierung und Simulation

vorgelegt von: Thomas Plehn

Inhaltsverzeichnis

Abbildungsverzeichnis

Tabellenverzeichnis

Algorithmenverzeichnis

1 Abstract

Ziel der vorliegenden Arbeit ist die Entwicklung eines kooperativen Optimierungsverfahrens, d.h. mehrere Low-Level Heuristiken werden von einer High-Level Heuristik so gesteuert, dass sie ein Problem gemeinsam lösen. Gemeinsam lösen heißt hier, sie lösen sich ab, d.h. eine Low-Level Heuristik fängt dort an, wo die andere aufgehört hat.

Warum ist eine kooperative Lösung aber sinnvoll? Die Nachbarschaftsstruktur einer komplexen Zielfunktion kann in verschiedenen Regionen der Zielfunktion sehr unterschiedlich sein. In unterschiedlichen Regionen eignen sich lokal eventuell jeweils andere Low-Level Heuristiken als anderswo, d.h. es gibt eventuell keine Erkundungs-Heuristik, die sich überall gleich gut eignet. Ein anderer Vorteil ist: Man hebt den Grad der Allgemeinheit des Suchverfahrens durch kooperative Suche, während ein Verfahren trotzdem (idealerweise) konkurrenzfähig zu Einzelverfahren bleibt. Allgemeinheit kann besonders für nicht-Experten von Vorteil sein, oder wenn wenig Wissen über die Problemstruktur vorhanden ist. In der Literatur spricht man häufig von "Hyperstrategien", da Hyperstrategien auf einer noch höheren Abstraktionsebene arbeiten als die "Metaheuristiken". Hyperstrategien operieren nicht auf Zielfunktionen, sondern sie verwalten Metaheuristiken.

In der vorliegenden Arbeit erfolgt zunächst eine allgemeine Einführung über Optimierung und die eingesetzten Low-Level Heuristiken. Es folgt eine Literatur-Befragung über die generelle Struktur von Hyper-Heuristiken. Im Kern der Arbeit werden drei vom Autor selbst entwickelte kooperative Verfahren vorgestellt. Die zwei zuletzt entwickelten Verfahren werden im Rahmen der Evaluation statistisch verglichen.

2 Grundlagen der Optimierung

Optimierungsaufgaben können in drei Kategorien eingeteilt werden, Parameteroptimierung, Reihenfolgeoptimierung und Auswahloptimierung. Die vorliegende Arbeit beschäftigt sich mit Parameteroptimierung. Parameteroptimierung bezeichnet die Suche nach möglichst optimalen Entwurfsparametern für ein Produkt, einen Prozess oder ein System. Bei der Suche wird davon ausgegangen, das die sogenannten Designvariablen beim Entwurf veränderbar sind, wie beispielsweise Querschnitte und andere geometrische Größen. Ein so entstandener Entwurf hat dann eine gewisse Güte, die durch eine Gütefunktion bzw. Zielfunktion bestimmt werden kann. Bei der Festlegung der Zielfunktion müssen oft mehrere teilweise konkurierende Kriterien gewichtet werden, die optimiert werden sollen, beispielsweise Biegesteifigkeit, Spannungsverteilung unter Belastung, etc. Dies alles durch einen einfachen Wert zu messen ist oft nicht einfach und efrordert einiges an mathematischer Modellierung, denn die Wahl der Zielfunktion beeinflusst nachher maßgeblich, was im Laufe der Optimierung unter den konkurrierenden Lösungen als optimaler angesehen wird. Bei der mathematischen Modellierung einer Aufgabe der Parameteroptimierung lässt sich das Vorgehen wie folgt beschreiben:

Zunächst müssen die Suchvariablen für den Optimierungsprozess bestimmt werden. Die Suchvariablen sind hier die einstellbaren Größen des Systems, für welche der Optimierungsprozess den optimalen Wert finden soll. Die Suchvariablen werden hier bezeichnet mit x_i; $x_i^{(u)} \leq x_i \leq x_i^{(o)}$; $i = 1...n$.

Normalerweise ist es sinnvoll, für jede dieser Suchvariablen einen geeigneten Wertebereich anzugeben, der von vorneherein eingrenzbar ist. Die Festlegung des Wertebereiches geschieht hier durch die Angabe von $x_i^{(u)}$ und $x_i^{(o)}$.

Aus den Suchvariablen enstehen die sogenannten Suchvektoren $x^{(j)} = (x_1^{(j)}, ..., x_n^{(j)})$, indem jeweils die Suchvariablen einer einzelnen Iteration, angedeutet durch die Hochzahl (j) zu einem Tupel zusammengefasst werden. Die Tupel sind Elemente des $\mathbb{R}^n$ und dieser kann bekanntlich zusammen mit den üblichen Operationen und einem Skalarkörper als Vektorraum aufgefasst werden. Die Vektorraumstruktur interessiert im folgenden jdedoch lediglich wegen der Nomenklatur, da meist keine Vektorraum-Eigenschaften nötig sind. Die Vektorraumstruktur hat außerdem den Vorteil, dass eine einzige Funktion $f : \mathbb{R}^n \rightarrow \mathbb{R}$betrachtet werden kann.

Oft sind bestimmte Kombinationen der Suchvariablen nicht möglich. Der Ausschluss solcher Kombinationen bestimmt sich durch die sogenannten Restriktionen. Alle konvexen Teilmengen des $\mathbb{R}^n$ lassen sich durch eine oder mehrere Restriktionen von der Form $G_j(x) = G_j(x_1, x_2, ..., x_n) \leq b$; $j = 1...m$ beschrieben. Als Sonderfall seien alle konvexen Polyeder genannt. Konvexe Polyeder lassen sich sogar sämtlich durch lineare Restriktionen beschreiben.

Als nächstes benötigt man ein mathematisches Modell der Optimierungsaufgabe. Das mathematische Modell wird beschrieben durch die sogenannte Zielfunktion. Oft ist die Beschreibung jedoch nicht direkt möglich, denn der Einfluss der Designvariablen auf ein Simulationsmodell kann oft nur durch erneute Simulation bestimmt werden. Die Zielfunktion ist dann eine Gütefunktion, die die Eigenschaften des simulierten Modells bewertet. Die Beschreibung der Güte kann als eine einzige Abbildung $F(x) = F(x_1, x_2, ..., x_n) \rightarrow min$ des Suchvektors x (hier die Designvariablen) auf eine Güte aufgefasst werden. Die Abbildung ist möglicherweise also kompliziert zusammengesetzt und daher oft nur relativ teuer zu brechnen. Es drängt sich daher auf, dass ein effizientes Optimierungsverfahren mit möglichst wenig Funktionsauswertungen auskommen sollte.

Gefragt ist immer das globale Minimum, hier bezeichnet als $x^* = (x_1^*, ..., x_n^*)$, es treten jedoch häufig viele lokale Optima auf, die den Optimierungsprozess erschweren. Deswegen gibt es globale Optimierungsverfahren und lokale Optimierungsverfahren.

Globlale Optimierungsverfahren suchen den Bereich meist weiträumig ab, ohne dabei schnell zur Konvergenz gegen ein lokales Optimum zu neigen.

Lokale Optimierungsverfahren konvergieren zwar schnell gegen irgendein Optimum, möglicherweise ein lokales, sind aber eventuell sehr weit vom globalen Optimum entfernt. Für konvexe Funktionen finden sie immer direkt das globale Optimum.

Kooperative Optimierungsverfahren setzen globale und lokale Optimierungsverfahren parallel ein. Global und lokal ist hier keine "schwarz-weiß" Unterscheidung, sondern eine Abstufung zwischen sehr weiträumig absuchenden Verfahren zu sehr schnell (lokal) konvergenten Verfahren. Jedes solcher Verfahren hat seine spezifischen Vor- und Nachteile und in jedem Stadium des Optimierungsprozesses sind andere Verfahren optimal. Die Optimalität hängt allerdings sehr vom gewählten Problem ab. Es muss daher ein Weg gefunden werden, die einzelnen Verfahren im Laufe des Optimierungsprozesses dynamisch auszuwählen. Die dynamische Auswahl setzt voraus, zeitweise die Resultate mehrerer Verfahren miteinander zu vergleichen, d. h. notwendigerweise parallel arbeiten zu lassen. Die parallelen Phasen sollten möglichst kurz gehalten werden, da sie besonders rechenintensiv sind.

2.1 Einteilung von Optimierungsverfahren

Es kann unterschieden werden zwischen mathematischen und experimentellen Ansätzen, damit wird ausgedrückt, ob der Optimierungsprozess an einem physikalischen Modell (z.B. im Windkanal) oder an einem mathematischen Modell vorgenommen wird, was entweder direkt mathematisch modelliert wurde oder aber auf ein Simulationsmodell zurückgreift. Ebenso kann unterschieden werden zwischen statischen und dynamischen Ansätzen, was bezeichen soll, ob für ein System einmalig ein statisches Optimum gesucht werden soll, oder ob es bei wechselnden Bedingungen immer in einem Optimalzustand gehalten werden soll. Die Einteilung zwischen numerischen und analytischen Ansätzen gibt an, ob die Lösung iterativ gefunden wird, oder durch das Lösen einer oder mehrerer Gleichungen. Unterschieden wird auch zwischen deterministischen und stochastischen Ansätzen, die sich darin unterscheiden, ob eine Zufallskomponente den Algorithmus beeinflusst oder nicht. Die Optimierung in dieser Arbeit ist immer mathematisch, statisch und numerisch, jedoch werden stochastische und deterministische Verfahren parallel eingesetzt.

Deterministische numerische Verfahren liefern bei gegebenem Startpunkt immer das gleiche Resultat, sie sind meist eher lokale Optimierungsverfahren und finden das nächste lokale Optimum. Die stochastische Komponente verlangsamt normalerweise die Konvergenz, ermöglicht es aber, aus einem lokalen Optimum wieder herauszuspringen, um möglicherweise das globale Optimum zu finden. Einfachstes Beispiel ist sicherlich Simulated Annealing, welches die Abkühlung von Metallen simuliert. Mit der sogenannte Metropolis-Wahrscheinlichkeit werden hier bewusst Verschlechterungen in Kauf genommen. Simulated Annealing gehört auch zu einer besonderen Untergruppe der stochastischen Verfahren, den sogenannten naturanalogen Verfahren. Zu den naturanalogen Verfahren gehören wiederum die evolutionären Algorithmen, die das Optimierungspotential der Evolution nutzen.

2.2 Auswahl der Verfahren

Zur weiträumigen Absuchung des Suchraums fiel die Wahl auf evulutionäre Algorithmen, welche eine Untergruppe der stochastischen/naturanalogen Verfahren bilden. Stochastische/naturanaloge Verfahren arbeiten stets generationsbasiert und verwenden die genetischen Operatoren Mutation, Rekombination und Selektion. Eingesetzt wird hier konkret die Evolutionsstrategie, welche aus Arbeiten von Rechenberg aus den sechsziger Jahren stammt, 1973 veröffentlicht wurde und von Schwefel weiter verbessert wurde (vgl. Schneider, S. 22). Die hier ebenfalls eingesetzte Differential Evolution von R. Storm und K. Price ist sehr viel neuer und stammt aus den 90er Jahren. Sie wurde 1995 erstmals vorgestellt (vgl. Kommer, 2008, S. 22). Nicht alle evolutionären Algorithmen hätten sich aufgrund der unterschiedlichen Kodierungsmöglichkeiten der Chromosome gleichermaßen für die

Aufgabe der Optimierung einer Zielfunktion auf dem $\mathbb{R}^n$ geeignet. Hier sind binäre Kodierungen eher ungeeignet, weil sie keine sinnvolle Arbeitsweise der genetischen Operatoren zulassen. Beide hier vorgestellten Verfahren arbeiten mit einer reellen Kodierung der Chromosomkomponenten (Gene) und die Arbeitsweise der genetischen Operatoren lässt sich als arithmetische Operationen darstellen. Die Darstellbarkeit als arithmetische Operatoren hat sich für Funktionen auf dem $\mathbb{R}^n$ als günstig erwiesen.

Die globalen Optimierungsmethoden werden ergänzt durch lokale (konvexe) Optimierungsmethoden, die einerseits die lokale Konvergenz beschleunigen können, andererseits aber auch in einfachen Fällen die Lösung sehr viel effizienter alleine finden können. Als Standardverfahren kommt hier der Gradientenabstieg mit Linesearch zum Einsatz. Der Gradientenabstieg zeigt bei einfachen (lokal) konvexen Funktionen eine lineare Konvergenz (vgl. Jarre/Stoer, S. 147), kann jedoch in gebogenen Tälern, wie bei der Rosenbrockfunktion schnell "feststecken". Daher kommt außerdem noch ein robusteres lokales Suchverfahren zum Einsatz, eine Modifikation des Hillclimbings, welches wesentlich flexibler ist, für das jedoch in einfachen konvexen Fällen keine lineare Konvergenz nachweisbar ist, was im wesentlichen an seinem sehr einfachen und daher robusten Ansatz liegt.

3 Die eingesetzten Verfahren

3.1 Die evolutionären Algorithmen

Evolutionäre Algorithmen arbeiten nach dem Vorbild der Natur, indem sie das natürliche Optimierungspotential der Evolution nutzen. Die Evolution hat ausgehend von sehr einfachen Lebewesen immer komplexere, immer besser an ihren Lebensraum angepasste Lebewesen hervorgebracht. Die Lebensformen wurden in einem gewissen Sinne optimiert durch die Evolution. Dabei entstehen bei der Vermehrung der Lebewesen durch Rekombination und Mutation des Erbgutes immer neue Varianten, von denen aber nur die am besten angepassten überleben, die sich dann weiter vermehren (Selektion). Das Prinzip ist auch bekannt als "Survival of the fittest", die Zielfunktion heist daher hier auch Fitnessfunktion. Bei den evolutionären Algorithmen geht man davon aus, dass ein bestimmtes Erscheinungsbild (Phänotyp) durch ein bestimmtes Chromosom (Genotyp) kodiert ist. Konkret ist das Chromosom die Kodierung einer möglichen Lösung eines Optimierungsproblems, die in den Chromosomen abgespeichert ist. Beispielsweise kann eine bestimmte Ampelschaltung, die optimiert werden soll, kodiert sein. Es existieren verschiedene Arten von Kodierungen, die dem Problem angepasst werden müssen, meist erfolgt die Kodierung binär. Im Falle der Parameteroptimierung hat es sich als günstig erwiesen, die Folge von reellen Parametern einfach als ein Tupel von reellen Zahlen zu kodieren. Ein Tupel von reellen Zahlen ist in gewisser Weise natürlich, weil sich dann die genetischen Operatoren größtenteils als arithmetische Operationen darstellen lassen. Die bekanntesten zwei hier existierenden Verfahren sind die Evolutionsstrategie und die Differential Evolution. Beide verwenden unterschiedliche Formen der sogenannten genetischen Operatoren, deren

Aufgabe hier dargestellt ist.

Selektion: Vielversprechende Lösungen werden zur weiteren Verarbeitung ausgewählt, um aus ihnen evtl. noch bessere Lösungen zu erzeugen.

Rekombination: Zwei vielversprechende Lösungen werden kombiniert, in der Hoffnung, dass sich aus ihnen eine noch bessere Lösung erzeugen lässt.

Mutation: Zur Wahrung der Variation in der Population und zur Verhinderung der vorzeitigen Konvergenz, hat es sich als sinnvoll erwiesen, zufällige Veränderungen der Population zu erzeugen.

3.2 Die Evolutionsstrategie

Bei der Evolutionsstrategie wird ein Chromosom wie folgt kodiert:

$$\underline{x} = (x_1, ..., x_n, \sigma_1, ..., \sigma_n, \phi_1, ..., \phi_{n(n-1)/2})$$

Das Chromosom besteht aus dem Suchvektor $(x_1, ..., x_n)$, den Mutationsschrittweiten $(\sigma_1, ..., \sigma_n)$ und den Winkeln $(\phi_1, ..., \phi_{n(n-1)/2})$. Die Mutationsschrittweiten geben die Streuung einer Normalverteilung an, von denen die einzelnen Mutationsschritte jeweils als Zufallszahlen erzeugt werden. Die Winkel dienen dazu, den Mutationsvektor jeweils im $\mathbb{R}^n$ in einer von $n(n-1)/2$ Ebenen zu drehen. Die Drehung soll eine bessere Anpassung der Hauptsuchrichtung an die Fitnesslandschaft gewährleisten. Ansonsten wären nämlich nur achsenparallele Hauptsuchrichtungen möglich.

Mutation: Man spricht von der korrelierten Mutation durch Addition eines Zufallsvektors aus einer Multinomialverteilung. Der Suchvektor $\underline{x}$ wird durch einen Zufallszahlsvektor $\underline{z}$ aus einer einer Multinomialverteilung mutiert, indem dieser einfach addiert wird. Die Diagonalelemente der Kovarianzmatrix der Multinomialverteilung entsprechen genau den σ_i. Durch die Einstellung der Winkel sind die Elemente außerhalb der Diagonalen nicht 0. Um die oben beschriebene multinomiale Verteilung der Mutation zu ereichen, geht man vor, indem ein sogenannter Mutationsvektor $\underline{\Delta}$ gezogen wird mit

$$\underline{\Delta} = (\Delta_1, ..., \Delta_n); \; \Delta_i \sim \mathcal{N}(0, \sigma_i)$$

Die einzelnen Komponenten Δ_i sind nun erst einmal normalverteilt mit Standardabweichung σ_i und daher noch unkorreliert. Der Vektor mit den unkorrellierten Komponenten entspräche einer Multinomialverteilung mit einer Diagonalmatrix als Kovarianzmatrix. Die Korrelation der einzelnen Komponenten des Mutationsvektors kann man realisieren, indem man diesen mit Drehmatritzen multipliziert.

Der Mutationsvektor $\underline{\Delta}$ wird nun gedreht in den $n(n-1)/2$ Ebenen, indem er mit den entsprechenden Drehmatritzen $R_{pq}(\phi_{pq})$ zu den Winkeln ϕ_i multipliziert wird. Die Variablen p, q geben jeweils an, in welchen beiden Komponenten gedreht wird. Für die beiden Komponenten gibt es insgesamt $\binom{n}{2}$ Möglichkeiten. Nun hat man eine Realisation von $\underline{z}$ bezeichnet als $\underline{\Delta}_{korr}$, die sich ergibt aus

$$\underline{\Delta}_{korr} = \left(\prod_{p=1}^{n} \prod_{q=p+1}^{n} R_{pq}(\phi_{pq}) \right) \underline{\Delta}$$

Anschließend mutiert man $\underline{x}$ indem man $\underline{\Delta}_{korr}$ addiert:

$$\underline{x} = \underline{x} + \underline{\Delta}_{korr}$$

Die Winkel und die Mutationsschrittweiten werden nun auch in den Optimierungsprozess einbezogen, indem sie als Elemente des Chromosoms ebenfalls dem gentischen Algorithmus unterworfen sind. Damit wird das Verfahren selbstadaptiv. Die Mutation der σ_i verläuft nun nach $\sigma_i' = \sigma_i \exp(\tau_1 \mathcal{N}(0,1))$ und die Mutation der ϕ_i nach $\phi_i' = \phi_i + \tau_2 \mathcal{N}(0,1)$.

Selektion: Die Selektion erfolgt nach dem Eliteprinzip. Eine Generation der Größe μ erzeugt immer etwa 5 bis 7 mal soviele Nachkommen durch Mutation. Aus den λ Chromosomen der mutierten Generation werden nun wieder die μ besten entsprechend der einfachen Generationsgröße ausgewählt und mit den μ besten wird weiter verfahren. Sie bilden die neue Ausgangsgeneration.

$$\rightarrow P_\mu \overset{mut}{\rightarrow} P_\lambda \overset{sel}{\rightarrow} P_\mu \rightarrow$$

Interpretation: Das Verfahren als solches entspricht einem generationenbasierten Hillclimbing, welches um die Selbstadaptivität der Schrittweite und der Hauptsuchrichtung erweitert wurde.

3.3 Differential Evolution

Kodierung der Chromosome: Ein Chromosom besteht hier einfach aus einem Tupel von Parameterwerten. Man könnte auch sagen, dass in diesem Fall das Chromosom und der Suchvektor gleichzusetzen sind.

$$\underline{x} = (x_1, ..., x_n)$$

Mutation: Die Mutation erfolgt hier, indem ein vielfaches einer zufälligen Suchrichtung zu einem Suchvektor addiert wird. Die Suchrichtung ergibt sich hierbei aus der Differenz von zwei zufälligen anderen Suchvektoren der Vorgängergeneration. Dabei steht im Exponent der Iterationszähler, die Subscripte $r_1$und r_2 sind uniform verteilte Zufallsvariablen, die einen zufälligen Index eines Vektors aus der Population bezeichen. Der so erhaltene Vektor wird in $\underline{v}_i^{t+1}$gespeichert. F ist ein Strategieparameter.

$$\underline{v}_i^{t+1} = \underline{x}_i^t + F \cdot (\underline{x}_{r_1}^t - \underline{x}_{r_2}^t)$$

Die Form der Mutation hat den Sinn, dass sich dadurch die Schrittweite und die Suchrichtung selbständig adaptieren sollen.

Rekombination: Die Rekombination erfolgt hier zwischen den Vektoren der alten Generation x_i^t und den bereits mutierten Vektoren der neuen Generation v_i^{t+1}. Sie erfolgt hier nach dem Binomial-Schema, d. h. es wird zufällig ausgewählt, aus welchen der beiden Chromosomen der Nachfolger sein jeweiliges Gen erhält.

$$u_{i,j}^{t+1} = \begin{cases} v_{i,j}^{t+1} & \text{falls } \text{rand}_j[0,1] \leq CR \\ x_{i,j}^t & \text{sonst} \end{cases}$$

Selektion: Selektiert wird ebenfalls auf zwei verschiedenen Ebenen: Das neue Chromosom aus der Rekombination u_i^{t+1} wird hier verglichen mit dem Chromosom aus der alten Generation x_i^t. Das bessere von beiden wird in der neuen Generation an der gleichen Stelle x_i^{t+1} gespeichert.

$$x_i^{t+1} = \begin{cases} u_i^{t+1} & \text{falls } f(u_i^{t+1}) \leq f(x_i^t) \\ x_i^t & \text{sonst} \end{cases}$$

Interpretation: Der Fitnesswert eines einzelnen Individuums kann sich auf keinen Fall verschechtern. Die Nachkommen werden nicht untereinander verglichen. Das Vorgehen ohne Verfgleiche untereinander erspart teure Sortieralgorithmen. Es ist nur ein geringer Speicherplatz erforderlich, da ein Chromosom direkt durch seinen Nachfolger ersetzt werden kann und damit nicht die Speicherung verschiedener Populationen nötig wird. (vgl. Kommer, 2008, S. 22)

3.4 Gradientenabstieg

Die grundlegende Idee des Gradientenabstieges besteht darin, in einem beliebigen Startpunkt die Richtung zu suchen, in der das Funktional am stärktsten abfällt. In diese Richtung geht man nun so lange weiter, wie das Funktioal auf dieser Gerade weiter abfällt. Fällt das Funktional auf der Gerade nicht mehr ab, so wählt man diesen Punkt als neuen Startpunkt für die nächste Iteration.

Zunächst ist zu präzisieren, wobei es sich um eine Abstiegsrichtung handelt. Geht man vom Punkt x aus, so ist der Verlauf des Funktionals entlang der Geraden mit der Suchrichtung d durch folgende Hilfsfunktion gegeben, wobei t der freie Parameter der Parameterdartellung der Geraden ist:

$$\varphi(t) = f(x + td)$$

Differenziert man die Hilfsfunktion an der Stelle 0, so erhält man $\varphi'(t) = Df(x)d = g(x)^T d$, wobei $g(x)$ der Gradient von $f(x)$ ist. Unter den Vektoren d mit dem Betrag $||d||_2 = 1$ ist der Ausdruck für $d := g(x)/||g(x)||_2$ maximal und entsprechend für $d := -g(x)/||g(x)||_2$ minimal. $-g(x)$ gibt also die Richtung des steilsten Abstiegs an. (vgl. Jarre/Stoer, S. 135)

Der Pfad des steilsten Abstiegs ist nun durch die Differentialgleichung $x'(t) = -g(x(t))$ gegeben (t ist der Kurvenparameter der gesuchten Abstiegskurve $x(t)$). Längs der Kurve nehmen die Funktionswerte streng monoton ab, wegen $\varphi(t) = f(x(t))$; $\varphi'(t) = Df(x(t))x'(t) = -g(x(t))^T g(x(t)) \leq 0$. Die Vermutung liegt daher nahe, dass das Gradientenverfahren immer in einem lokalen Minimum endet. (vgl. Jarre/Stoer, S. 136)

Wir betrachten nun das Verhalten der Kurve für Parameter $t \in [0, \bar{t})$: "Falls $\bar{t} < \infty$, so divergiert die Kurve für $t \rightarrow \bar{t}$. Falls $\bar{t} = \infty$, so konvergiert sie für $t \rightarrow \infty$ entweder gegen einen Punkt $\overline{x}$ mit $g(\overline{x}) = 0$, oder sie divergiert." (Jarre/Stoer, S. 136)

Algorithmus:

1. Falls $g_k := g(x_k) = 0$, STOP: x_k ist stationärer Punkt.

2. Sonst wähle eine Suchrichtung $s_k \in \mathbb{R}^n$ mit $||s_k|| = 1$ und $-g_k^T s_k \geq \gamma ||g_k||_2$

3. Bestimme eine Schrittweite λ_k mit $x^{k+1} := x^k + \lambda_k s_k$, so dass $\lambda_k := \arg\min \left\{ f(x^k + \lambda s_k) | \lambda \geq 0 \right\}$

Bemerkung: Schritt 2 lässt sehr viele Suchrichtungen zu, welches durch die Konstante γ geregelt wird ($0 < \gamma \leq 1$). Alle zugelassenen Suchrichtungen sind jedoch Abstiegsrichtungen. Bei Schritt 3 handelt es sich um eine exakte Linesearch, die jedoch in den wenigsten Fällen möglich ist. In der vorliegenden Arbeit wird das Minimum entlang des Strahles näherungsweise durch das Verfahren des goldenen Schnittes bestimmt.

3.5 Modifiziertes Hillclimbing

Das modifizierte Hillclimbing ist ein sehr einfaches aber wirkungsvolles Verfahren. Die Idee besteht darin, vom aktuellen Standort aus erst einmal in der Umgebung zu schauen, ob sich irgendwo eine Verbesserung ergibt. Dort wo sich die größte Verbesserung ergibt, ist der Ausgangspunkt der nächsten Iteration.

Von einer Normalverteilung mit fester Streuung die wird die Mutationsschrittweite realisiert. Die Realisation passiert hier pro Iteration immer zehn mal, so dass 10 Punkte in der Umgebung geprüft werden können. Der Punkt mit der größten Verbesserung ist der Ausgangspunkt der nächsten Iteration. Um das Verfahren zu verbessern, hat es sich bewährt, eine gewisse Richtungsträgheit einzuführen. Die Richtungsträgheit bedeutet, dass das Verfahren nicht direkt in die Richtung geht, in der es die größte Verbessung festgestellt hat, sondern einen gewichteten Mittelwert mit der letzten Schrittrichtung bildet.

$$\begin{aligned} v_{n-1} &= x_n - x_{n-1} \\ v_n &= 0.8 \cdot (x_{best} - x_n) + 0.2 \cdot v_{n-1} \\ x_{n+1} &= x_n + v_n \end{aligned}$$

v_{n-1}ist dabei die alte Richtung, die sich aus der letzten Position x_{n-1} und dem aktuellen Standort x_n ergibt. Die aktuelle Richtung ist v_n, die sich teilweise aus der alten Richtung

v_{n-1}und der Differenz des besten gefundenen mutierten Individuums x_{best} und dem aktuellen Standort x_n zusammensetzt. Aus dem aktuellen Standort x_n und der aktuellen Richtung v_n ergibt sich der neue Standort x_{n+1}.

Interpretation: Das Verfahren ist relativ langsam, weil es mit einer festen Schrittweite arbeitet, die relativ klein gewählt sein muss. Dafür ist es frei von Gradienten und höheren Ableitungen, was sonst in vielen Fällen zu Stagnation oder Divergenz führen kann, so beispielsweise bei den Versuchen zu dieser Arbeit im Tal der Rosenbrockfunktion beim Gradientenabstieg.

4 Die generelle Struktur von Hyper-Heuristiken zur Optimierung

In 2008 veröffentlichten Korkmaz, Özcan und Bilgin eine Literatur-Übersicht über Hyper-Heuristiken zur Optimierung (vgl. Korkmaz et al., 2008). In dieser Literatur-Übersicht soll die allgemeine Struktur von Hyper-Heuristiken untersucht werden, wie sie derzeit in der Literatur auftauchen. Die Autoren stellen ein allgemeines Rahmenwerk vor, welches sehr viele Wahlmöglichkeiten lässt und welches so weit abstrahiert, dass sich sehr viele konkrete Hyper-Heuristiken, die sich derzeit in der Literatur wiederfinden, in dieser Struktur darstellen lassen. Für konkrete Realisierungen, in denen bestimmte Wahlmöglichkeiten berücksichtigt wurden, wird später in einer Übersicht auf Literaturstellen verwiesen.

4.1 Das allgemeine Rahmenwerk

Dieses Rahmenwerk teilt die zugrunde liegenden Verfahren, die durch die Hyper-Heuristik ausgeführt werden, in zwei Guppen ein, nämlich Mutations-Heuristiken und Hill-Climbers. Mutations-Heuristiken verändern die bisherige Lösung in gewisser Weise beliebig, so dass die Nachbarschaft der Lösung abgesucht wird. Diese Änderung erfolgt erst einmal nicht zielgerichtet, was der große Unterschied zu den Hill-Climbers ist. Hill-Climbers hingegen verändern die bisherige Lösung in die Richtung, in der die größte Verbesserung der Zielfunktion zu erwarten ist.

Zwei wesentliche Funktionen in einer Hyper-Heuristik lassen Wahlmöglichkeiten: Die sogenannte Auswahlfunktion, die das als nächstes auszuführende Verfahren wählt und die sogenannte Akzeptanzfunktion, die bestimmt, ob der zuletzt ausgeführte Schritt akzeptiert wird oder verworfen. Die bis jetzt beschriebenen Elemente einer Hyper-Heuristik lassen sich zu verschiedenen konkreten Rahmenwerken für Hyper-Heuristiken kombinieren, die in der folgenden Abbildung 1 zu sehen sind. Im Folgenden wird jedoch immer nach Schema F_A vorgegangen.

Verschiedene Realisierungen für die Wahlmöglichkeiten der Auswahlfunktion und der Akzeptanzfunktion wurden in der Literatur diskutiert und sind der folgenden Tabelle 1 zu entnehmen. Im Folgenden wird die Möglichkeit der "Tabu Search" als "Heuristic Selection"

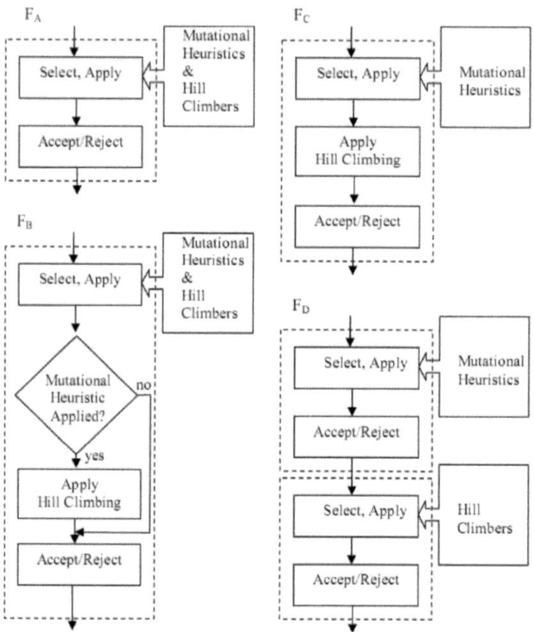

Abbildung 1: Rahmenwerke für Hyper-Heuristiken (vgl. Korkmaz et al., 2008)

Table 1
Heuristic selection and move acceptance strategies that are investigated in this study

Label	Name of the strategy	Method type	Source (s)
SR	Simple Random	Heuristic Selection	[11]
RD	Random Descent	Heuristic Selection	[11]
RP	Random Permutation	Heuristic Selection	[11]
RPD	Random Permutation Descent	Heuristic Selection	[11]
CF	Choice Function	Heuristic Selection	[11,17]
TS	Tabu Search	Heuristic Selection	[4]
GR	Greedy	Heuristic Selection	[11]
AM	All Moves	Move Acceptance	[11]
OI	Only Improving	Move Acceptance	[11]
IE	Improving and Equal	Move Acceptance	[2,3,36]
MC	Exponential Monte Carlo with Counter	Move Acceptance	[2]
GD	Great Deluge	Move Acceptance	[24]

Tabelle 1: Wahlmöglichkeiten für Auswahlfunktion und Akzeptanzfunktion (vgl. Korkmaz et al., 2008)

und die Möglichkeit "Only Improving" als "Move Acceptance" näher beleuchtet und ihre weitere Entfaltung in den späteren Teilen der Arbeit vorbereitet.

"Only Improving", also die Akzeptanz nur von Verbesserungen, erklärt sich von selbst und wird hier nicht weiter ausgeführt. Für die "Tabu Search" wird der Literaturempfehlung der Autoren gefolgt. In dem Paper, auf das hier verwiesen wird, entwickeln Burke und Subeiga eine Hyper-Heuristik mit Tabu-Suche, um ein Problem der diskreten Optimierung, nämlich ein Terminplanproblem für die Schichtgestaltung von Krankenschwestern, zu lösen (vgl. Burke und Subeiga, 2003). Das Vorgehen lässt sich aber auch sehr gut auf stetige Optimierung übertragen. Die verwendete Selektionsstrategie lässt sich als Lernen mit Verstärkung unter Verwendung einer Tabu-Liste bezeichnen.

4.2 Lernen mit Verstärkung mit Tabu-Liste

Die Basisidee von Lernen mit Verstärkung ist, dass Lernerfolg belohnt werden soll. Einem Quizteilnehmer wird eine Frage gestellt und seine Antwort auf diese Frage wird bewertet. Diese Bewertung beeinflusst seinen Punktestand. Die "Belohnung" erfolgt nun indirekt, indem derjenige mit dem höchsten Punktestand das nächste Mal wieder antworten darf. Dies lässt sich in dem folgenden Basis-Algorithmus 1 zusammenfassen (vgl. Buke und Subeiga, 2003):

Es stellt sich die Frage, wie die noch sehr allgemein gehaltene Aktualisierung des Punktestands erfolgen soll. Burke und Subeiga schlagen hierzu vor: "Ähnlicherweise hat die Low-Level Heuristik k beim Beginn der Suche den Punktestand $r_k = 0$, von 0 Punkten. Wenn eine Heuristik angewendet wurde, bemerken wir den Wechsel Δ in der Zielfunktion. Wenn dies eine Verbesserung ergibt, (also $\Delta > 0$) dann wird der Punktestand der Heuristik

Algorithm 1 Lernen mit Verstärkung (vgl. Burke und Subeiga, 2003)

Do

1-Wähle die low-level Heuristik k, mit dem höchsten Punktestand aus und wende sie an

2-Aktualisiere den Punktestand r_k der low-level Heuristik k

bis zum Abbruchkriterium

Algorithm 2 Lernen mit Verstärkung mit Tabu-Liste (vgl. Yagiura et al., 2005, S. 136)

Do

1-Wähle die Heuristik k, mit dem höchsten Punktestand aus und wende sie an

2-Wenn $\Delta > 0$ dann $r_k = r_k + \alpha$ und leere die Tabu-Liste

3-Sonst $r_k = r_k - \alpha$ und füge k der Tabu-Listc hinzu

bis zum Abbruckriterium

erhöht, beispielsweise $r_k = r_k + \alpha$. Andernfalls wird er gesenkt, beispielsweise $r_k = r_k - \alpha$. Resultate, erhalten aus verschiedenen Studien, legen nahe, dass die Low-Level Heuristik mit dem höchsten Punktestand im nächsten Wahlschritt gewählt werden sollte." [1]

Zu der konkreten Ausgestaltung der Tabu-Liste bemerken Burke und Subeiga: "In die Tabu-Liste können wir jede Heuristik einschließen, deren Anwendung ein $\Delta \leq 0$ ergab. Die Idee ist, dass wenn die Anwendung einer Heuristik k zu einem $\Delta \leq 0$ führte, dann gibt es keinen Grund, diese Heuristik k noch einmal zu wählen (beispielsweise sofort), auch wenn sie den höchsten Punktestand hat. Die Frage ist also, wie lange sollte die Heuristik k tabu bleiben? Wir haben beobachtet, dass es ausreichend ist, dass die Heuristik k so lange tabu bleibt, wie es dauert, den Zielfunktionswert der gegenwärtigen Lösung zu ändern." [2]

Um das Ganze noch einmal konkreter zu fassen und um zu verdeutlichen, wie diese Vorschläge gemeint sind, folgt eine Algorithmenbeschreibung entnommen aus (Yagiura et al., 2005, S. 136). Hier bezeichnet als Algorithmus 2:

Im folgenden Kapitel werden drei Algorithmen zur kooperativen Optimierung entwickelt, einmal ein relativ statischer, dreiphasiger Ansatz, dann ein Ansatz mit dynamischer Verfahrensselektion und schließlich, der an diese Vorüberlegungen angelehnte Algorithmus

[1] "Similary, at the beginning of the search each low-level heuristik k has a score, $r_k = 0$, of 0 points. When a heuristic has been applied, we note the change Δ in the evaluation function. If this results in an improvement (i.e. $\Delta > 0$) then the score of the heuristic is increased, e.g. $r_k = r_k + \alpha$. Otherwise it is decreased, e.g. $r_k = r_k - \alpha$. Results obtained from various studies suggest that the low-level heuristic with the highest score should be chosen in each decision step [...]."

[2] "We can include in the tabu list any heuristic whose application yielded some $\Delta \leq 0$. The idea is that if the application of heuristic k led to some $\Delta \leq 0$, then there is no point in choosing heuristic k again (i.e. immediately), even if it has the highest score. The question is how long should heuristic k remain tabu? We observe that it is sufficient that heuristik k remains tabu for just as long it takes to change the objective value of the current solution."

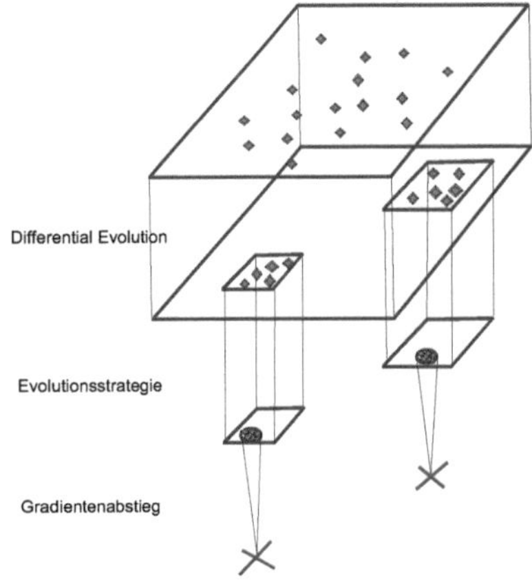

Abbildung 2: Schema-Skizze des 3 phasigen Ansatzes zur Optimierung

mit Verstärkungslernen und Tabu-Liste. Bei der Entwicklung des eigenen Algorithmus mit Verstärkungslernen konnte jedoch nicht eins zu eins übertragen werden, was in diesem Kapitel aus der Literatur diskutiert wurde. Vielmehr galt es, diese Ansätze so anzupassen und zu erweitern, dass sie sich auch auf populationsbasierte genetische Algorithmen anwenden lassen.

5 Die entwickelten Verfahren

5.1 3 phasiger Ansatz zur Optimierung

Es war der erste Ansatz zur kooperativen Optimierung. Er ist noch recht statisch, denn die Abfolge der einzelnen Verfahren Differential Evolution, Evolutionsstrategie und Hillclimbing ist in dieser Reihenfolge fest. Das Verfahren arbeitet daher prinzipiell bei jeder Zielfunktion gleich und hat nur beschränkt die Möglichkeit, sich anzupassen. Es sollte die Konvergenz von Differential Evolution verbessern. Es wurde jedoch schnell klar, dass dies zumindest nicht mit vertretbarem Rechenaufwand möglich ist. D.h. in Sachen Effizienz könnte man auch gleich bei Differnetial Evolution bleiben. Man macht das Verfahren nur unnötig umständlich. Ein wirkliches kooperatives Verfahren würde zumindest dynamisch die Low-Level Heuristiken auswählen und könnte sich somit an Probleme anpassen. Nur dann machen diese High-Level Heuristiken wirklich Sinn, wenn sie die Allgemeinheit des Verfahrens heben können. Es wäre ansonsten wirklich immer besser, die geeignete Low-Level Heuristik bei genügend Wissen über das Problem selbst zu wählen. Allgemeine High-Level Heuristiken können mit ihrer dynamischen Auswahl selten das übertreffen, was ein Experte mit seinem Wissen über das Problem an Low-Level Heuristiken wählt. Der Vorteil der Anwendbarkeit auch für nicht-Experten auf nahezu alle Probleme bleibt trotzdem. Zurück zum 3-phasigen Ansatz: Dieser wird hier nur der Vollständigkeit halber beschrieben, weil er eine erste Idee im Entwicklungsprozess darstellt. Da schnell erkannt wurde, dass es sich hierbei um eine Sackgasse handelt, wird dieses Verfahren auch in der Evaluation später nicht weiter verfolgt.

5.1.1 Vorüberlegungen

Hier wurde ausgegangen vom Evolutionären Algorithmus "Differential Evolution". Es stellte sich die Frage, wie man seine Konvergenzeigenschaften verbessern kann. Dazu muss man sich zunächst klarmachen, wie der Algorithmus arbeitet. Er findet nach genügend Iterationen meistens das globale Optimum, wobei sich die Frage stellt: Wie kommt der Algorithmus dahin? Und: Kann man das Resultat vielleicht schon in einer früheren Phase voraussehen? Dazu wird der Populationsverlauf während eines Suchlaufes betrachtet: Zunächst verdichten sich die Individuen in Regionen mit lokal sehr hoher Fitness. Anschließend werden sich einige dieser Punktwolken auflösen (weil die Ergebnisse in diesen Regionen weniger optimal sind). Die letzte verbleibende Punktwolke zieht sich nun idealerweise zum globalen Optimum zusammen.

5.1.2 Motivation des kooperativen Verfahrens

Die erste Überlegung ergab, dass es günstig sein könnte, das Verfahren abzufangen, wenn sich Verdichtungen in einzelnen Regionen bilden, denn man weiß dann schon ziemlich sicher: In einer dieser Verdichtungen liegt später meist das globale Optimum. In diesen Regionen kann gezielt lokal weitergesucht werden. Die sich bildenden Verdichtungen haben allerdings meist einen zu großen Radius, um direkt ein rein lokales Optimierungsverfahren (im engeren Sinne Hillclimbing) anzuwenden. Diese Regionen sind meist noch nicht komplett konvex. Im Bereich der vorherigen Verdichtung wird weiter mit einer Population von Individuen gearbeitet. Die Population soll sich schneller zusammenziehen. Die Wahl fällt auf einen evolutionären Algorithmus, der bewusst schnell zu lokaler Konvergenz neigt. Dies erreicht man durch ein Verfahren mit hohem Selektionsdruck. Dies spricht für die Evolutionsstrategie von Rechenberg und Schwefel. Für jede ehemalige Verdichtung hat man nun also eine eigene Population der Evolutionsstrategie. Die Evolutionstrategie wird die Population in der Nähe eines lokalen Optimums zusammenziehen. Es soll jedoch nicht gewartet werden, bis dieser Prozess komplett geschehen ist, sondern man gibt sich mit einer ausreichenden Näherung an das globale Optimum zufrieden. Dann ist die Funktion meist schon in diesem Bereich lokal konvex und man kann schneller durch lokale Optimierungsverfahren (Hillclimbers) suchen. Man bricht also die Evolutionstrategie ab, wenn die Population sich schon genügend verengt hat und geht dann zum Hillclimbing über. Hier geschieht das via Gradientenabstieg mit Linesearch.

Am Ende dieses Prozesses hat man folglich für jede ehemalige Verdichtung aus Schritt 1 des Algorithmus das lokale Optimum bestimmt. Diese werden nun als Kandidaten für das möglicherweise globale Optimum verwendet. D.h. man wählt den günstigsten Wert aus diesen aus und hofft, dass es sich hierbei um das globale Optimum handelt. Das Verfahren wird im nächsten Unterabschnitt noch einmal detailliert in Form eines Algorithmus beschrieben.

5.1.3 Algorithmus

Sie finden den detallierten Algorithmus in den Algorithmus-Listings 3 und 4.

5.2 Ansatz mit dynamischer Verfahrensselektion

Es handelt sich um den ersten Ansatz, der tatsächlich dynamische Verfahrensselektion verwendet. Es handelt sich um keine Auswahlfunktion, die aus der Literatur stammt, sondern eine, die selbstständig entwickelt wurde. Der Ansatz ist dabei recht intuitiv: Welches Verfahren gerade das am Besten geeignetste ist, wird bestimmt, indem die Verfahren zunächst einige wenige Iterationen parallel laufen und dann verglichen wird, welches den größten Fortschritt erzielt hat. Das Verfahren mit dem größten Fortschritt darf dann weiterlaufen, bis es stagniert, d.h. sich kaum noch verbessert. Es wird um das bis dahin gefundene Optimum ein neues Startfenster generiert, welches gegenüber dem ursprünglichen verkleinert ist. Der Vergleich der Verfahren erfolgt dann innerhalb dieses Startfensters erneut. Dieses Vorgehen lässt sich so lange fortsetzen, bis das jeweils gewählte Verfahren bis zu seiner Stagnation gegenüber dem vorherigen Durchlauf keine Verbesserung mehr bringt.

Es lässt sich anmerken, dass dieses parallele Austesten der Verfahren leider eine sehr aufwendige Auswahlfunktion ist, obwohl sie meistens eine sinnvolle Auswahl garantiert. Es bleibt zu überlegen, ob es sich noch effizienter gestalten lässt. Ein anderer Kritikpunkt betrifft die ansonsten gute Idee, dort weiterzusuchen, wo man aufgehört hat, bzw. gemäß der Quadrantsuche dort zu verfeinern bzw. genauer zu suchen. Es lässt sich überlegen, ob es nicht manchmal vorteilhafter sein kann, der Struktur der Zielfunktion etwas ähnlich wie ein Hillclimber zu folgen, bzw. ob sich damit nicht im Einzelfall Funktionsaufrufe sparen lassen. Genau diese Kritikpunkte werden im dritten Ansatz einbezogen.

Die oben gestellte Frage nach Eignung der Verfahren zwei und drei sollte in der Evaluation mit Hilfe verschiedener Benchmark-Funktionen beantwortet werden. Im Folgen-

Algorithm 3 3-pasiger Algorithmus zur Optimierung

Dimension des Problems festlegen (dim)
Suchbereich als Hyperquader festlegen
Radien für Clustering festlegen

Startpopulation für Differential Evolution zufällig gleichverteilt über den Suchbereich erzeugen (N_P Populationsgröße)

wiederhole solange bis $\sum_{i=1}^{N_C} c_i^2 \geq \gamma N_P^2$ (γ Strategieparameter)

führe eine Iteration der Differential Evolution durch

führe Clustering-Algorithmus durch (aktualisiere c_i - die Mächtigkeit der Cluster C_i)

ende

ermittle n_C als $n_C = \min \left\{ j | \sum_{i=1}^{j} c_i \geq \frac{1}{2} N_P \right\}$
für $j = 1...n_C$führe durch (für Cluster C_j)

ermittle $\mu_i^{(j)} = \mu_i(C_j)$ für $i = 1...dim$

ermittle $\sigma_i^{(j)} = \sigma_i(C_j)$ für $i = 1...dim$

ermittle $a_i^{(j)} = \mu_i^{(j)} - 6\sigma_i^{(j)}$ für $i = 1...dim$

ermittle $b_i^{(j)} = \mu_i^{(j)} + 6\sigma_i^{(j)}$ für $i = 1...dim$

speichere opt_j=Funktion "Vefahren der Ebene 2 in Suchbereich $\left[a_1^{(j)}; b_1^{(j)}\right] \times ... \times \left[a_{dim}^{(j)}; b_{dim}^{(j)}\right]$"

berechne $f_j = f(opt_j)$

ende

Finde Minimum des Vektors f^*und zugehörige Minimalstelle opt^*(dies ist das Ergebnis)

Algorithm 4 Subroutine für 3-pasigen Algorithmus zur Optimierung

Funktion "Vefahren der Ebene 2 in Suchbereich $\left[a_1^{(j)}; b_1^{(j)}\right] \times ... \times \left[a_{dim}^{(j)}; b_{dim}^{(j)}\right]$"

Generiere Startpopulation P für Evolutionsstrategie im Suchbereich

wiederhole solange bis $\sigma_i(P) < \epsilon$für $i = 1...dim$

führe eine Iteration der Evolutionsstrategie durch

ende

bestimme $\mu_i(P)$ für $i = 1...dim$

Starte von $\underline{\mu}$ aus einen Gradientenabstieg mit Linesearch

das verbesserte Ergebnis gibt die Funktion zurück

ende

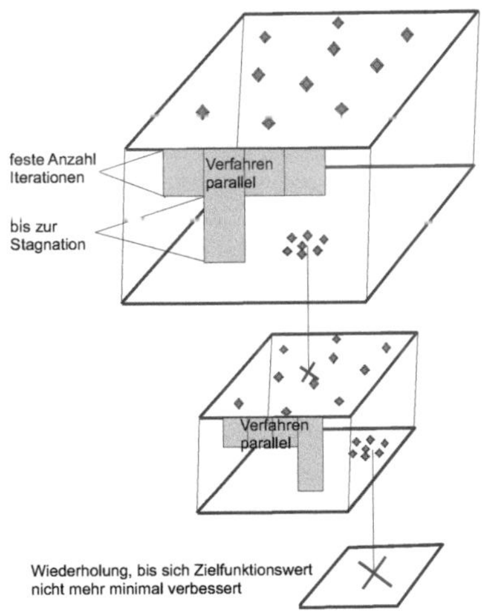

Abbildung 3: Schema-Skizze des Ansatzes mit dynamischer Verfahrensselektion

den wird dargelegt, wie die Idee zu diesem Verfahren entstanden ist und am Ende ein Algorithmus-Listing angegeben.

5.2.1 Vorüberlegungen

Verschiedene Optimierungsverfahren haben spezifische Vor- und Nachteile. Man kann sich fragen, welches Verfahren in einer Phase des Optimierungsprozesses gerade optimal ist. Die Optimalität eines Verfahrens hängt auch ab von der Struktur der Zielfunktion und der Region, in der man sich gerade befindet. Die Abfolge der Vefahren kann daher nicht fest programmiert werden. Man muss dynamisch feststellen, welches Verfahren gerade optimal ist. Daher muss man in manchen Phasen alle Verfahren vergleichen (notwendigerweise parallel). Der parallele Vergleich ist rechnerisch sehr teuer und sollte daher nur möglichst kurz erfolgen. Danach wählt man nun dasjenige Verfahren aus, welches weiterlaufen kann.

5.2.2 Motivation

Stagniert ein auf diese Weise ausgewähltes Verfahren, sollte man überlegen, ob die bis dahin erhaltene Lösung gut genug ist. Will man die Lösung weiter verbessern, muss man sich wieder fragen: Welches Verfahren ist für die Verbesserung optimal? Man probiert am besten wieder parallel Verfahren aus. Es entsteht jedoch ein Problem: Der Neustart aller Verfahren benötigt wieder eine Startpopulation. Die Startpopulation muss neu generiert werden. Doch wo soll man sie verteilen? Dort wo das letzte Verfahren stagniert hat? Der Ort verspricht wenig Erfolg, denn das zuletzt ausgewählte Verfahren hing höchstwarscheinlich in einem lokalen Optimum. Das bedeutet, die zu testenden Verfahren würden geradewegs wieder in dieses Optimum laufen.

Als erster Vorschlag ergibt sich ein kompletter Neustart mit Verteilung der Startpopulation über den gesamten Suchraum. Bei stochastischen Verfahren kann der Neustart ein anderes Ergebnis liefern, möglicherweise sogar ein besseres. Es handelt sich um die mehrfache Ausführung eines stochastischen Verfahrens. Die mehrfache Ausführung ist aber weder besonders neu, noch besonders einfallsreich.

Man möchte nun in gewisser Weise das Vorwissen aus dem vorherigen Suchlauf mit einbeziehen. Hier kommt eine Heuristik ins Spiel. Man vermutet, dass das globale Optimum tendenziell eher dort liegt, wo man bisher den besten Wert gefunden hat. Dies kann natürlich falsch sein. In gewisser Weise geht hier die Idee der Quadrantsuche ein. Man verkleinert das Startfenster um das zuletzt gefundene Optimum herum. Dabei verkleinern sich die Ausmaße in jeder Dimension um den Faktor 0,7. In 2D durchsucht man nur noch die Hälfte der Fläche.

Man testet wieder alle Verfahren gegeneinander aus (innerhalb des neuen Startfensters) und stellt das beste fest. Das beste Verfahren lässt man wieder bis zur Stagnation laufen und beginnt mit einem neuen Startfenster von vorne.

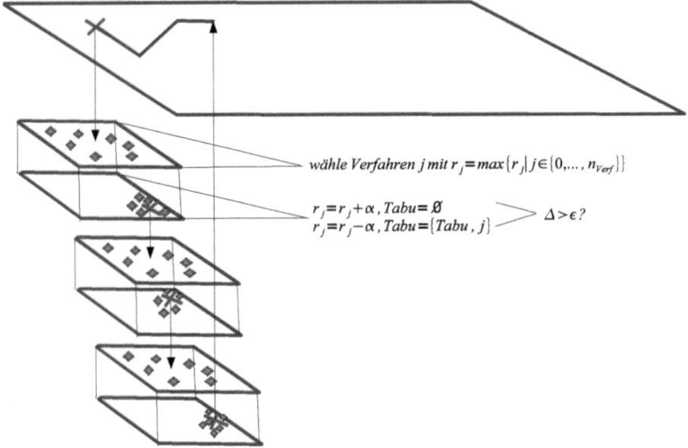

Abbildung 4: Schema-Skizze der Hyper-Strategie mit Verstärkungslernen und Tabu-Liste

5.2.3 Algorithmus

Den Algorithmus finden Sie in den beiden Listings 5 und 6.

5.2.4 Modifikationen

Es hat sich als sinnvoll erwiesen, nicht nur die evolutionären Algorithmen populationsbasiert arbeiten zu lassen, sondern auch die lokalen Suchverfahren (Hillclimbers). Der Algorithmus spricht von einem ausgeglichenen Rechenaufwand zwischen den Verfahren. Es macht mehr Sinn, den gleichen Rechenaufwand, den ein evolutionärer Algorithmus verwendet, auf mehrere Instanzen Hillclimbers zu verteilen (d.h eine Population), anstatt diesen Rechenaufwand nur einem Hillclimber zuzuweisen. Der Hillclimber ist dann nämlich meist schon in einem lokalen Optimum konvergiert.

5.3 Hyper-Strategie mit Verstärkungslernen und Tabu-Liste

Ein Rahmenwerk für die generelle Struktur von Hyper-Heuristiken wurde bereits in Abschnitt 4 vorgestellt. Es handelte sich im Spezialfall der Auswahlfunktion mit Verstärkungslernen und Tabu-Liste, wie von Burke und Subeiga entwickelt, um ein Konzept, das ursprünglich für die Anwendung in der diskreten Optimierung gedacht war. Dieses Konzept war ursprünglich nicht auf die Verwendung von populationsbasierten Verfahren

Algorithm 5 Algorithmus mit dynamischer Verfahrensselktion (Teil 1)

Setze Dimension des Problems fest (dim)
Setze den Suchraum als Hyperquader fest
Setze das Startfenster gleich dem Suchraum

Setze $F_{old} \leftarrow \infty$
Setze $\Delta F = 1$
solange $\Delta F > 0.01$ wiederhole

Erstelle für alle Verfahren V_i eine Startpopulation pop_{V_i} bzw. Startwert x_{V_i} innerhalb des Startfensters (zufällige Gleichverteilung)

Führe von allen Verfahren nun einige Iterationen durch (so dass der Rechenaufwand für alle Verfahren in etwa gleich ist)

Stelle fest, welches Verfahren den größten Fortschritt erzielt hat, im folgenden V_{opt}

Setze $\Delta f = 1$

solange $\Delta f > 0.01$ wiederhole

Speichere $pop_{V_{opt};old} \leftarrow pop_{V_{opt}}$ bzw. $x_{V_{opt};old} \leftarrow x_{V_{opt}}$
Führe eine kleine Anzahl von Iterationen von Verfahren V_{opt} durch, so dass der Rechenaufwand für alle Verfahren in etwa gleich wäre, und aktualisiere dadurch $pop_{V_{opt}}$ bzw. $x_{V_{opt}}$
Bestimme $x_{min;new}$ und $f_{min;new}$ als Minimum der neuen Generation $pop_{V_{opt}}$ bzw. aus dem neuen Wert von $x_{V_{opt}}$
Bestimme $x_{min;old}$ und $f_{min;old}$ als Minimum der alten Generation $pop_{V_{opt};old}$ bzw. aus dem alten Wert von $x_{V_{opt};old}$
Berechne $\Delta f = \frac{f_{min;old} - f_{min;new}}{f_{min;old}}$

ende

Algorithm 6 Algorithmus mit dynamischer Vefahrensselktion (Teil 2)

Generiere ein neues Startfenster um den aktuellen Wert von $x_{min;new}$herum, so dass $x_{min;new}$in der Mitte liegt und die Form des alten Fensters um den Faktor 0.7 verkleinert ist

Setze $F_{new} \leftarrow f_{min;new}$(aktueller Wert)

Setze $\Delta F = \frac{F_{old}-F_{new}}{F_{old}}$

Setze $F_{old} \leftarrow F_{new}$

ende

Der aktuelle Wert von $x_{min;new}$ist das gefundene Optimum

zugeschnitten. Die Übertragung auf stetige Zielfunktionen ist hingegen weniger problematisch. Man braucht hier nur geeignete Low-Level Heuristiken zu wählen, die auf stetigen Zielfunktionen operieren. Im Folgenden wird versucht, dieses Konzept so anzupassen und zu konkretisieren, dass es sich auf das eben behandelte Problem anwenden lässt.

5.3.1 Vorüberlegungen

Das Problem mit den populationsbasierten Verfahren lässt sich in sofern behandeln, dass jeweils um den Startpunkt des Verfahrens ein sogenanntes Startfenster generiert wird. Das Startfenster ist also ein Hyperquader, dessen Mittelpunkt der Startpunkt ist. Die Individuen werden in diesem Startfenster verteilt und das populationsbasierte Verfahren beginnt seine Arbeit. Ist die Arbeit des populationsbasierten Vefahrens beendet (nach einem Abbruchkriterium oder einer festen Anzahl von Iterationen), wird die momentane Population betrachtet. Der Endpunkt ist dann das Individum mit dem besten Zielfunktionswert. Die populationsbasierten Verfahren werden hier im Sinne der im Rahmenwerk erwähnten Mutationsheuristiken verwendet.

Lokale Suchverfahren, wie Gradientenabstieg mit Linesearch, Quasi-Newton, Trust-Region und Simplex werden als Hillclimbers angesehen. Zurück zu der Bedeutung des Startfensters bei den populationsbasierten Verfahren: Es ist weder sinnvoll, dieses Startfenster zu klein zu wählen, denn dann wären alle Individuen fast gleich und man hätte mit einer unnötig hohen Dichte der Individuen gleichsam Rechenzeit verschwendet. Noch ist es sinnvoll, das Startfenster unnötig groß zu wählen, im Extremfall so groß wie der gesamte Suchraum. Ein so graoßes Startfenster führt dazu, dass das betrachtete Fenster mit der begrenzten Anzahl an Individuen nur viel zu grob durchsucht wird. Versucht ein Verfahren dann an einem Endpunkt (bestes Individum) wieder neu zu starten, würde das Verfahren wieder das gleiche Fenster durchsuchen bzw. eine Teilmenge davon (denn wie später erklärt wird, soll sich die Fenstergröße im Laufe des Verfahrens verändern).

Beabsichtigt ist viel mehr, dass die Folge der Populationen der Zielfunktion folgen können. Dieses generationenbasierte Hillclimbing hätte anders als ein einfacher Hillclimber den großen Vorteil, dass es kleinere Unebenheiten in der Funktion überspringen kann und stattdessen der Grobstruktur der Funktion folgen kann. Das Folgen der Grobstruktur hat oft Vorteile, z.B. bei der leicht gekrümmten Eierpappenfunktion. Sollte in einer Phase des Optimierungsprozesses dieses Vorgehen nur unnötig umständlich sein, d.h. einfaches Hillclimbing ist hier effizienter, so erhofft man sich, dass die Hyperstrategie dann mit Hilfe der Auswahlfunktion zu den einfachen Hillclimbers übergeht.

Da man für eine beliebige vorgelegte Funktion nicht generell sagen kann, was die beste Populationsfenstergröße ist, versucht man diese so zu gestalten, dass sie sich selbst adaptiert. Zunächst geht man davon aus, dass man erst grob und dann immer feiner suchen sollte. Eine laufende Verkleinerung des Populationsfensters erscheint sinnvoll. Aufpassen muss man, wenn sich das Populationsfenster zu schnell verkleinert, denn auch die Verkleinerungsrate lässt sich nicht generell festlegen. Sie müsste für jede Zielfunktion anders gewählt werden. Um dies zu reparieren, greift man zu einem Trick: Ist das Populationsfenster so klein, dass sich innerhalb keine Fortschritte mehr erzielen lassen, wird das Populationsfenster einfach vergrößert. Zusätzlich fügt man noch temporär alle lokalen Suchverfahren zur Tabu-Liste hinzu, um zu verhindern, dass nach der Vergrößerung des Populationsfensters direkt wieder lokal gesucht wird (denn man hat vorher festgestellt, dass in der lokalen Umgebung des Startpunktes keine Verbesserung mehr möglich war). Die populationsbasierten (globalen) Optimierungsverfahren, werden hingegen, sofern sie vorher tabu waren, wieder von der Tabu-Liste entfernt, d.h. sie erhalten im vergrößerten Populationsfenster eine neue Chance.

Als Akzeptanzmechanismus und auch als Bewertungsschema für den Erfolg der Heuristiken kommt eine leicht veränderte Variante der Strategie "Only Improving" aus Tabelle 1 zum Einsatz: Da alle verwendeten Heuristiken in der Regel nur Verbesserungen generieren, wird stattdessen eine minimale ϵ-Verbesserung gefordert. So können Heuristiken, die nur wenig zur Verbesserung beitragen besser von Heuristiken unterschieden werden, die große Verbesserungen erreichen.

5.3.2 Algorithmus

Im Folgenden finden Sie den Algorithmus in den Algorithmus-Listings 7 und 8.

5.3.3 Modifikationen

Statt in der Auswahlfunktion immer das Verfahren mit dem höchsten Punktestand auszuwählen, erfolgt die Auswahl nun stochastisch, mit Wahrscheinlichkeiten, die von den Punkteständen abhängen. Die stochastische Auswahl soll verhindern, dass ein momentan

Algorithm 7 angepasste Hyperstrategie (Teil 1)

für $i = 1...n_{Verf}$ setze $r_i = 0$
leere Tabu-Liste initialisieren
initialisiere d_{pop} (Populationsfenstergröße)
setzte einen zufälligen Startpunkt x innerhalb des Suchbereichs fest
wiederhole solange

wenn alle Verfahren blockiert sind (Tabu-Liste)

vergrößere d_{pop} mit $d_{pop} = \gamma_1 d_{pop}$
leere Tabu-Liste, aber lasse lokale Suchverfahren tabu

ende wenn

wähle das Verfahren j^* mit dem größten Score r_{j^*} und berücksichtige dabei die Tabu-Liste

wenn populationsbasiertes Verfahren ausgewählt wurde

erzeuge Startpopulation pop um x (Populationsfenstergröße d_{pop})
erzeuge pop_{neu} aus pop durch Anwendung des Verfahrens j^*
bestimme Optimalwert aus pop_{neu} und speichere ihn in x_{neu}

sonst

erzeuge x_{neu} aus x durch Anwendung des Verfahrens j^*

ende wenn

Algorithm 8 angepasste Hyperstrategie (Teil 2)

berechne Δ_f als $\Delta_f = f(x) - f(x_{neu})$

wenn $\Delta_f > \epsilon$

setze $r_{j^*} = r_{j^*} + \alpha$
leere Tabu-Liste

sonst

setze $r_{j^*} = r_{j^*} - \alpha$
füge j^*zu der Tabu-Liste hinzu

ende wenn

wenn $\Delta_f > \epsilon$ setze $x = x_{neu}$ (akzeptiere Schritt)

verkleinere d_{pop} etwas mit $d_{pop} = \gamma_2 d_{pop}$

ende Wiederholung

unterlegenes Vefahren gar keine Chance erhält, sich überhaupt zu beweisen, denn sonst würde das momentan überlegene Verfahren immer weiter gewählt.

Die Änderung in der Zielfunktion wird nun nicht mehr absolut, sondern relativ betrachtet. Geht es nur um das Vorzeichen der Veränderung, macht dies keinen Unterschied. Jedoch kann man sonst schlecht sagen, wie man Epsilon für die geforderte ϵ-Verbesserung wählen soll, denn dies hängt von der Größenordnung der Zielfunktionswerte ab. Bei einer relativen Wahl von ϵ ist die jedoch sozusagen selbstadaptiv.

Alte Punktestände lässt man langsam abklingen, d.h. Punkte, die man vor langer Zeit gesammelt hat, werden weniger wichtig, als Punkte, die man gerade gesammelt hat. Die Bevorzugung neuerer Punkte ist wichtig, weil eine Heuristik, die in einer frühen Phase mal viel geleistet hat, jetzt aber nicht mehr, dann schneller von Heuristiken abgelöst werden kann, die jetzt viel leisten.

6 Evaluation

Im Rahmen der Evaluation werden die beiden erfolgversprechendsten Konzepte einander gegenübergestellt: Der Ansatz mit dynamischer Verfahrensselektion und der Ansatz mit Verstärkungslernen und Tabu-Liste. Es lässt sich schon vorab vermuten, dass das Ergebnis davon abhängen könnte, wie die Zielfunktion strukturiert ist. Man kann also nie global sagen, dass eines der Verfahren immer besser sein muss. Trotzdem erfolgen hier Betrachtungen zur Arbeitsweise und Effizienz der Verfahren. Ein Vergleich erfolgt außerdem zusätzlich mit der Differential Evolution als einzelnes Verfahren. Es soll geprüft werden, ob die Effizienz beider kooperativer Verfahren trotz ihrer Zusammengesetztheit und höherer Komplexität mit einzelnen Verfahren vergleichbar bleibt. Ein einzelnes Verfahren musste gewählt werden, das zumindestens nahezu immer anwendbar bleibt. Die Differential Evolution ist vergleichbar mit einem direkten Suchverfahren. Die Anwendbarkeit ist eigentlich auch immer gegeben. Natürlich sind in speziellen Fällen andere Verfahren effizienter, wie man sich beispielsweise bei der Rosenbrock-Funktion, einer extrem schlecht konditionierten quadratischen Funktion, vorstellen kann. Quasi-Newton wäre mit Sicherheit effizienter. Abzuwarten bleibt, ob sich die kooperativen Verfahren tatsächlich in einigen Fällen gegen die Differential Evolution durchsetzen können indem idealerweise dynamisch besonders geeignete Verfahren gewählt werden, die im Spezialfall der Differential Evolution überlegen sind.

Der Vergleich erfolgte anhand von zwei Benchmark-Testfunktionen, der Eierpappenfunktion und der Rosenbrockfunktion. Die erstere stellt besonders die globalen Optimierungsverfahren auf die Probe, während die zweite eher den Umgang eines Verfahrens mit extrem schlecht konditionierten konvexen Problemen überprüft. Die meisten Probleme lassen sich als eine Mischung dieser Herausforderungen betrachten. Der Vergleich der Leistung beider Verfahren bei der Suche auf den beiden Testfunktionen erfolgt in mehreren Kathegorien, die auch die Arbeitsweise der Verfahren ergründen sollen:

Populationsverlauf Die Betrachtung verfolgt die Verteilung der Individuen bzw. Verfahrenschritte auf der Zielfunktion. Man möchte erkennen, wie sich Individuen in einzelnen Regionen konzentrieren, sich die Population dort zusammenzieht und wie die lokalen Suchverfahren konvergieren. Dazu wird im Hintergrund die Funktion in Form von Höhenlinien dargestellt (dies funktioniert nur bei zwei unabhängigen Variablen). Im Vordergrund werden die Individuen bzw. Verfahrenschritte in einer Grafik für jedes Verfahren einzeln dargestellt. Da sämtliche Schritte eines Verfahrens jeweils in einem einzigen Plot dargestellt werden, ist eine Kennzeichnung des Verlaufs notwendig. Die Kennzeichnung des Verlaufs erfolgt, indem der Übergang der Individuen von den früheren Generationen zu den späteren Generationen durch den farblichen Übergang von kalten Farben zu wärmeren Farben kenntlich gemacht wird (blau-grün-gelb-orange-rot).

Die grafische Darstellung wurde gewonnen, indem der Populationsverlauf aller Verfahren in einem Cell-Array gespeichert wurde, während das kooperative Verfahren ablief. Gespeichert wurde dabei folgendermaßen: Cell{Durchlauf, Verfahren, Iteration}=Population. Es beginnt jeweils ein neuer Durchlauf, wenn die Auswahlfunktion ein neues Verfahren wählt. Jedes Verfahren hat eine bestimmte Nummer, unter der gespeichert wird. Die Speicherung erfolgt für sämtliche Iterationen einzeln. Das Vorgehen mit drei Feld-Indizes ermöglicht durch den Feld-Index "Verfahren" auch die Speicherung parallel ablaufender Verfahren in einem Suchlauf.

Die Datenbasis kann nun nach Ablauf des Verfahrens verschiedenartig ausgewertet werden, wie hier z.B. für eine grafische Darstellung des Populationsverlaufs. Informationen können gewonnen werden, in welcher Reihenfolge die Verfahren selektiert wurden. Versuche hierzu führten allerdings zu weit, denn hieraus ließen sich keine klaren Anhaltspunkte zur Arbeitsweise der Verfahren ableiten. Der im nächsten Absatz beschriebene Optimierungsfortschritt wird ebenfalls aus dieser Datenbasis abgeleitet.

Optimierungsfortschritt Der Optimierungsfortschritt zeigt jeweils den Wert, den das beste Individuum in einer bestimmten Generation erreicht hat. Der beste Wert wird von der oben beschriebenen Datenbasis im Cell-Array abgeleitet. Laufen mehrere Verfahren parallel, wird nur das Verfahren betrachtet, welches nachher weitergeführt wird. Im Plot erscheinen die Generationen bzw. Iterationen (wenn es sich um lokale Suchverfahren handelt) auf der X-Achse und der Wert des in dieser Generation besten Individuums auf der Y-Achse.

Die Auswertung erfolgt für 1000 Durchläufe des kooperativen Verfahrens, jeweils gekennzeichnet durch einen Datensatz, der eine einzelne Fortschrittskurve darstellen könnte. Die Datensätze werden zu einer Matrix assembliert, um sie zu clustern. D.h. die einzelnen Datensätze bilden jeweils Vektoren, bzw. Punkte im $\mathbb{R}^n$. Das Ergebnis sind zehn besonders typische Verläufe des Optimierungsfortschritts, die in einem Diagramm dargestellt werden.

gefundene Funktionswerte Die Routine mit dem kooperativen Verfahren liefert an das Statistik-Hauptprogramm nach jedem Aufruf den gefundenen Funktionswert zurück, den sie für das Optimum hält. Die Folge dieser gefundnen Funktionswerte wird in einem Vektor abgespeichert. Der Vektor kann nun an die eingebaute Histogrammfunktion von Matlab übergeben werden. Die Funktion zerteilt den Wertebereich der Datenbasis zunächst in geeignete Teilintervalle gleicher Größe. Anschließend wird jeweils gezählt, wie viele Funktionswerte der Datenbasis in eines der vorher festgelegten Intervalle fallen. Die Anzahlen werden nun auf der y-Achse gegenüber den Intervallen auf der x-Achse aufgetragen.

Funktionsaufrufe Mit Hilfe dieser Statistik soll festgestellt werden, wie oft innerhalb eines kooperativen Verfahrens ein bestimmtes Basis-Verfahren jeweils die Zielfunktion aufruft. Das kooperativen Verfahrens liefert nach jedem Durchlauf an das Statistik-Hauptprogramm die jeweiligen Aufruf-Anzahlen der Basis-Verfahren zurück. Die Aufruf-Anzahlen stehen in einem Vektor der Länge entsprechend der Anzahl der Basis-Verfahren. Das Statistik Hauptprogramm lässt das kooperative Verfahren wieder 1000 mal durchlaufen und setzt die zurückgegebenen Vektoren (Zeilenvektoren) zu einer Matrix zusammen. Auf diese Matrix kann wieder die interne Histogrammfunktion von Matlab angewandt werden. Die Histogrammfunktion arbeitet hier spaltenweise. Es ergeben sich also eigentlich so viele Einzel-Histogramme, wie die Datenmatrix Spalten hat (Die Datenmatrix hat natürlich so viele Spalten, wie es Basisverfahren gibt). Es erfolgt also wieder die Einteilung des Wertebereiches einer Spalte in geeignete, gleich große Intervalle. Die Anzahl der Werte, die in einem Intervall liegen, werden ausgezählt. Die Anzahlen werden wieder auf der y-Achse gegen die Intervalle auf der x-Achse aufgetragen. Nur passiert das nun nicht nur für ein Histogramm, sondern gleich für mehrere Histogramme in einem Plot, entsprechend der Anzahl der Basisverfahren. Die Histogrammsäulen sind zur Unterscheidung farblich gekennzeichnet.

summierte Funktionsaufrufe Die summierten Funktionsaufrufe entstehen aus derselben Datenbasis wie oben: Die bereits aus einzelnen Datenvektoren zusammengesetzte Datenmatrix für 1000 Durchläufe wird nur anders verarbeitet: Es wird entlang der Zeilen der Matrix summiert, so dass sich ein langer Spaltenvektor ergibt. Der Spaltenvektor entspricht nun einem Datensatz mit den gesamten Zielfunktionsaufrufen aller Verfahren, jeweils für einen Durchlauf des kooperativen Verfahrens und für 1000 Durchläufe. Der Datenvektor hat 1000 Einträge. Der Datenvektor kann wieder mit der eingebauten Histogrammfunktion von Matlab zu einem Histogramm verabeitet werden. Die Histogrammfunktion beinhaltet wieder das Einteilen und Auszählen der Intervalle und das Auftragen der Anzahlen gegen die Intervalle im Plot.

Spinnennetz Funktionsaufrufe Auch hier kommt die Datenbasis aus dem Absatz "Funktionsaufrufe" zum Einsatz. Die dort gewonnene Matrix wird hier wie folgt verwendet: Als zusätzliche Spalte kommt der Vektor aus dem Punkt "gefundene Funktionswerte" hinzu. Es ist nun möglich, die Verteilung des Rechenaufwandes auf die verschiedenen Verfahren mit der Güte des Ergebnisses in Beziehung zu setzen. Die Darstellung erfolgt durch ein Spinnennetzdiagramm. Da 1000 Fäden entsprechend 1000 Szenarios für ein Spinnennetzdiagramm zu viel sind, werden die Daten geclustert, um 10 Vertreter für typische Szenarios zu erhalten. Die Clusterung erfolgt mit der in Matlab eingebauten Clusterfunktion "kmeans". Die Diagramme sollen einen Anhalt dazu geben, welche Kombination von Verfahren ein Benchmark-Problem am besten löst.

6.1 Eierpappenfunktion

Die im letzten Abschnitt angekündigte Evaluation der beiden kooperativen Verfahren, "Ansatz mit dynamischer Verfahrensselektion", "Ansatz mit Verstärkungslernen und Tabu-Liste", soll in diesem Abschnitt zunächst anhand der Benchmark-Testfunktion "Eierpappenfunktion" erfolgen. Um eine einfachere Bezeichnung der Abbildungen zu ermöglichen, wird im Folgenden vom "kooperativen Verfahren" für das "Verfahren mit dynamischer Verfahrensselektion" und von der "Hyperstrategie" für das "Verfahren mit Verstärkungslernen und Tabu-Liste" gesprochen.

6.1.1 Populationsverlauf

Zunächst wird der Populationsverlauf bei der Eierpappenfunktion verglichen. Das Ergebnis findet der Leser in den Abbildungen 5 und 6:

Man kann hier den Unterschied in der Arbeitsweise der beiden Verfahren sehen: Das kooperative Verfahren verteilt die Individuen zunächst breit, um sie anschließend in der Nähe des lokalen Optimums zu verdichten. Die Verkleinerung der Populationsfenstergröße geht damit einher. Die Hyperstrategie arbeitet hier anders: Sie beginnt hier am Rand des Suchbereiches (nicht notwendigerweise immer, dies ist zufällig) und verteilt dort zunächst sehr viele Individuen. Die Individuen wandern dann zusammen mit dem Populationsfenster in Richtung lokalem Optimum, indem sie der Grobstruktur der Funktion folgen.

6.1.2 Optimierungsfortschritt

In den folgenden Abbildungen 7 und 8 findet sich der Optimierungsfortschritt der Verfahren in jeweils 10 typischen Szenarios (durch Clusterung gewonnen).

Es lässt sich erkennen, dass die Hyperstrategie eher der Zielfunktion folgt, wie ein Hillclimber, wie bereits ihre Arbeitsweise beschrieben wurde. Die Zielfunktionswerte sind nämlich in einem nahezu gleichmäßig fallenden Trend. Die zwischenzeitlichen leichten Anstiege kommen dadurch, dass lokal jeweils neue Populationen aufgebaut werden, die sich zunächst an die Zielfunktion anpassen müssen. Da der Aufbau der Population aber meist in kleinem Radius um das letzte Optimum stattfindet sind die beobachteten Anstiege klein.

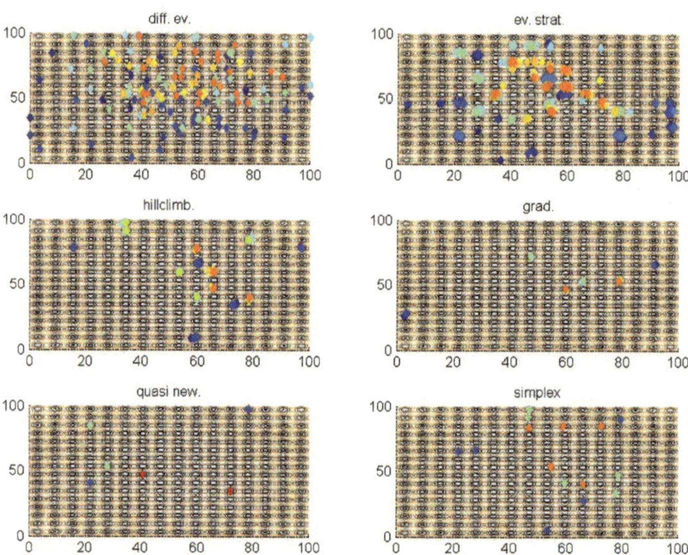

Abbildung 5: Populationsverlauf des kooperativen Verfahrens bei der Eierpappenfunktion

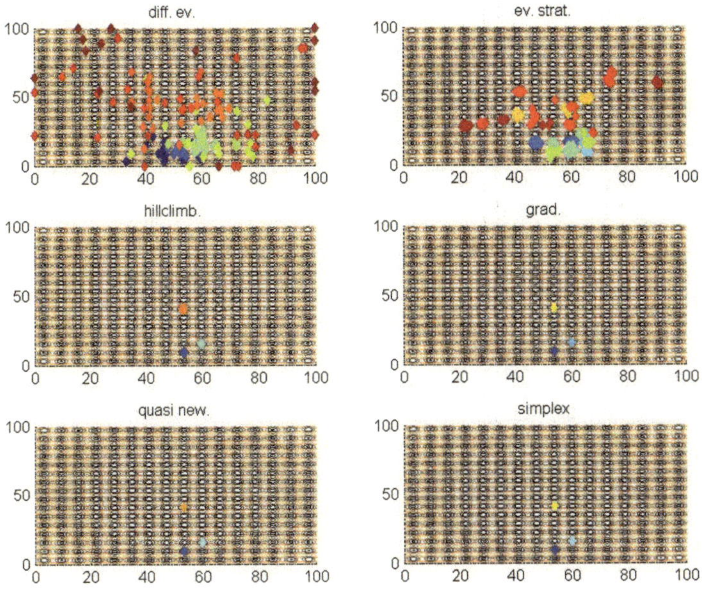

Abbildung 6: Populationsverlauf der Hyperstrategie bei der Eierpappenfunktion

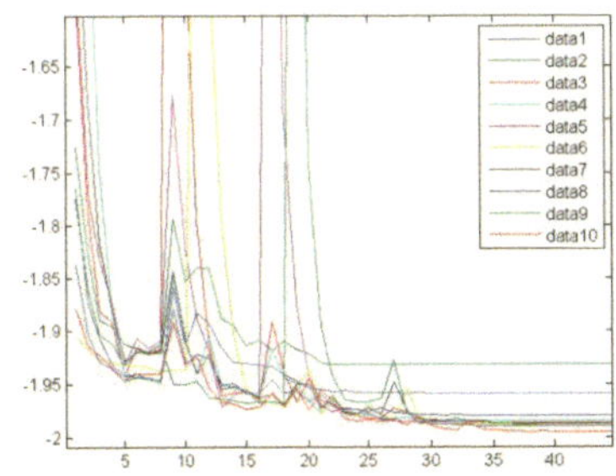

Abbildung 7: Zielfunktionsverlauf des kooperativen Verfahrens bei der Eierpappenfunktion

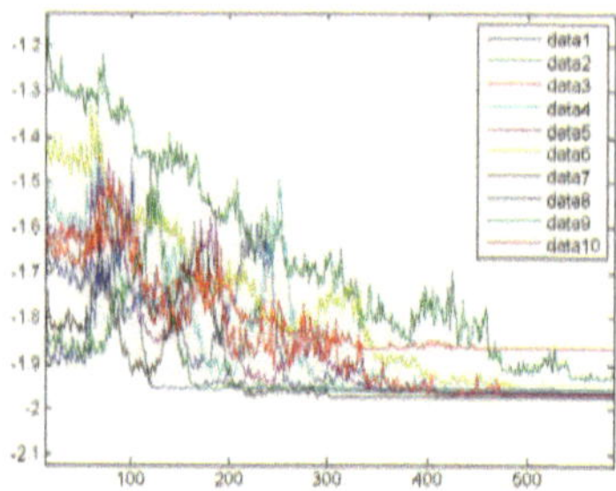

Abbildung 8: Zielfunktionsverlauf der Hyperstrategie bei der Eierpappenfunktion

Anders ist der Anstieg bei dem kooperativen Verfahren: Hier werden um das zuletzt gefundene Optimum im nächsten Durchlauf zunächst in sehr großem Radius neue Individuen verteilt (innerhalb des neuen Startfensters). Die Wahrscheinlichkeit, dass die Individuen sofort wieder lokale Optima treffen, ist daher ziemlich kein, wegen ihrer geringen Dichte. Die Individuen müssen sich zunächst wieder der Zielfunktion anpassen. Eine grobe Anpassung geschieht dabei rasch, so dass der beste gefundene Zielfunktionswert schnell wieder absinkt.

Der insgesamt fallende Trend ist aber auch bei diesem Optimierungsfortschritt leicht ersichtlich, jedoch erfolgt der Abfall anders: Bei der Hyperstrategie ist der Abfall nahezu gleichmäßig linear, während man bei dem kooperativen Verfahren eher von negativ exponentiell sprechen könnte. Der unterschiedliche Abfall liegt daran, dass das kooperative Verfahren hier schnell eine grobe Eingrenzung des interessanten Bereiches gewinnt, die es dann verfeinert. Die Hyperstrategie hingegen verfolgt wörtlich die Grobstruktur des leichten Abfalls der Zielfunktion.

6.1.3 Gefundene Funktionswerte

Hier findet der Leser Abbildungen, die die Verteilung der gefundenen Funktionswerte in Histogrammen veranschaulichen sollen. Der Vergleich erfolgt hier auch mit der Differential Evolution (Abbildung 11) gegenüber dem kooperativen Verfahren und der Hyperstrategie in den Abbildungen 9 und 10.

Das kooperative Verfahren arbeitet hier etwas besser als die Hyperstrategie, was wohl daran liegt, dass eine grobe Eingrenzung mithilfe der ersten Durchläufe des kooperativen Verfahrens leicht möglich ist. (Diese Strategie ist nicht immer besser. Vielen Funktionen kann man auch besser mittels Hillclimbing folgen, die Eierpappenfunktion stellt jedoch ein Worst Case für Hillclimbing dar. Dafür funktioniert die Hyperstrategie selbst hier noch erstaunlich gut. Hingegen können bei vielen Funktionen auch Quadrantsuche ähnliche Verfahren, wie hier das kooperative Verfahren fehlschlagen.)

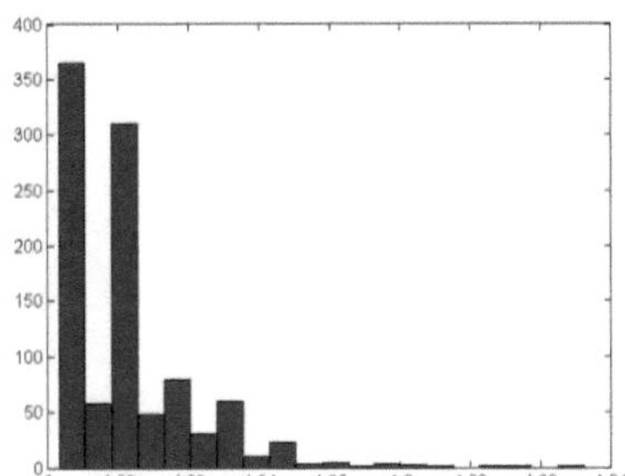

Abbildung 9: Funktionswerte gefundener Optima des kooperativen Verfahrens bei der Eierpappenfunktion

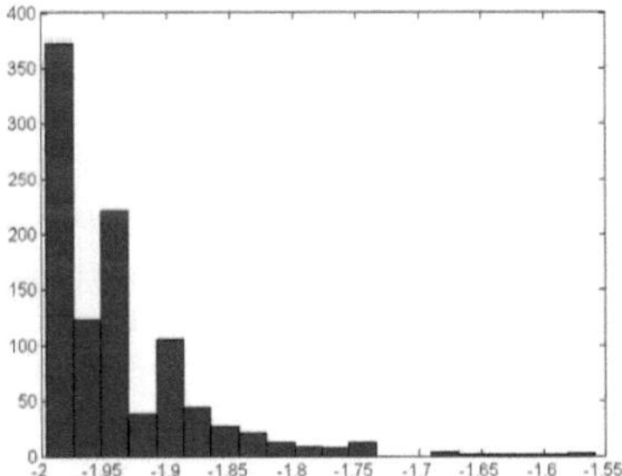

Abbildung 10: Funktionswerte gefundener Optima der Hyperstrategie bei der Eierpappenfunktion

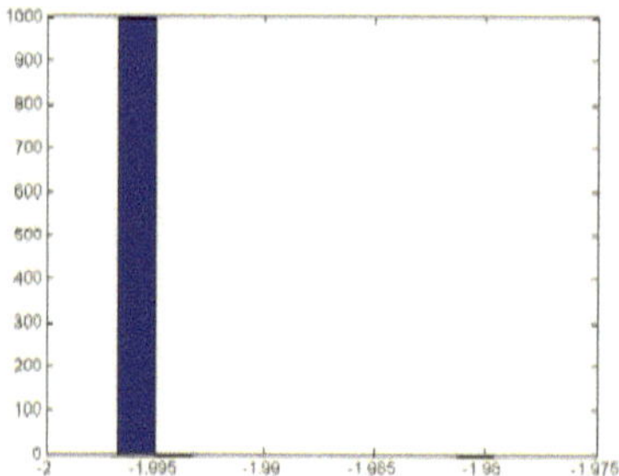

Abbildung 11: Funktionswerte gefundener Optima der Differential Evolution bei der Eierpappenfunktion

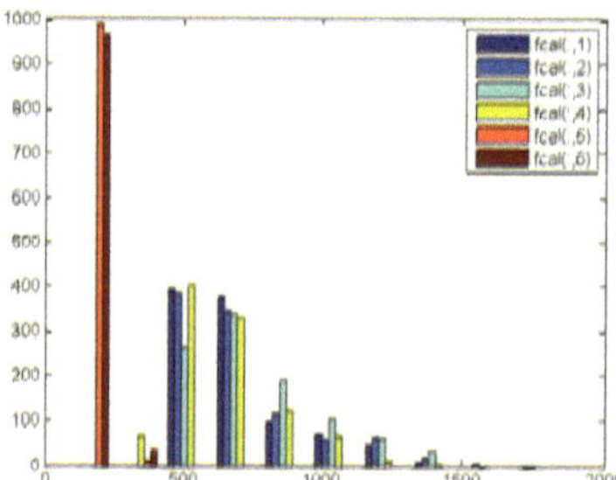

Abbildung 12: Funktionsaufrufe des kooperativen Verfahrens bei der Eierpappenfunktion

Die Differential Evolution liefert hier ein besseres Ergebnis, als beide Vefahren. Der Vergleich erfolgt auch nur zur Prüfung, ob die beiden entwickelten Verfahren noch konkurrenzfähig zu Einzelverfahren bleiben. Die Konkurrenzfähigkeit ist hier durchaus gegeben, denn die Differntial Evolution arbeitet hier sogar mit höherem Rechenaufwand. Bei dieser Testfunktion handelt es sich außerdem um einen Fall, bei der sich der Einsatz von Differential Evolution besonders empfiehlt.

6.1.4 Funktionsaufrufe

Im Folgenden findet der Leser in den Abbildungen 12 und 13 die Aufschlüsselung der Funktionsaufrufe einzelner Basis-Verfahren, wie sie durch die entwickelten Verfahren aufgerufen werden. Die Darstellung erfolgt mithilfe mehrerer Histogramme, die in verschiedenen Farben gekennzeichnet jeweils in einer Abbildung stehen.

Beim kooperativen Verfahren sind die Funktionsaufrufe der Basisverfahren 1-4 sehr

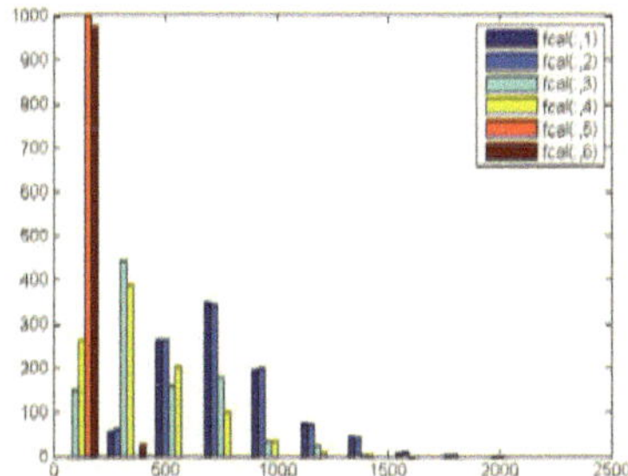

Abbildung 13: Funktionsaufrufe der Hyperstrategie bei der Eierpappenfunktion

ausgeglichen. Die Ausgeglichenheit wundert auch wenig, denn das kooperative Verfahren wurde so konzeptioniert, dass für alle selbst implementierten Vefahren ein ähnlicher Rechenaufwand besteht, sollte das Verfahren in einem Durchlauf gewählt werden. Die Basisverfahren 5-6 sind von Matlab implementiert und wesentlich effizienter und sind sehr schnell lokal konvergent. Ein Durchlauf, der beim kooperativen Verfahren jeweils bis zur Stagnation erfolgt, benötigt daher weniger Iterationen.

Bei der Hyperstrategie sehen wir ein ausgegleichnes Bild bei den Basisverfahren 1-2 (die globalen, populationsbasierten Suchverfahren Differential Evolution und Evolutionsstrategie). Ebenso ausgeglichen sind die selbst implementierten lokalen Suchverfahren (Basisverfahren 3-4). Die Basisverfahren 5-6 von Matlab arbeiten wieder sehr effizient und brauchen daher weniger Aufrufe. (Das liegt natürlich nicht nur an der Matlab-Implementierung sondern an den generell sehr hoch entwickelten Verfahren Quasi-Newton und Simplex. Eine Zuweisung von mehr Iterationen pro Durchlauf hätte nicht mehr gebracht, da die Verfahren sehr schnell lokal konvergieren und keine weitere Verbesserung eintritt.) Auch hier wurde das Verfahren so konzeptioniert, dass die hier gezeigte Ausgeglichenheit eintritt.

Die Ausgeglichenheit der Verfahren wurde allerdings anders erreicht: Beim kooperativen Verfahren erfolgt alles populationsbasiert und die Populationen wurden einfach so gewählt, dass bei gleichen Iterationszahlen der Aufwand ausgeglichen ist. Wie lange ein solcher Durchlauf dann dauert, hängt von dem Abbruchkriterium Stagnation ab. Bei der Hyperstrategie erfolgt nach Auswahl eines bestimmten Verfahrens jeweils seine Anwendung für eine feste Anzahl von Iterationen. Der Rechenaufwand in einem solchen Basis-Schritt sollte ausgeglichen sein.

6.1.5 Summierte Funktionsaufrufe

Die summierten Funktionsaufrufe geben einen Überblick über den gesamten Rechenaufwand der Verfahren. Man erhält einen Einblick, wie effizient die einzelnen Verfahren arbeiten. Die Darstellung erfolgt wieder in Histogrammen, in den Abbildungen 14, 15 und

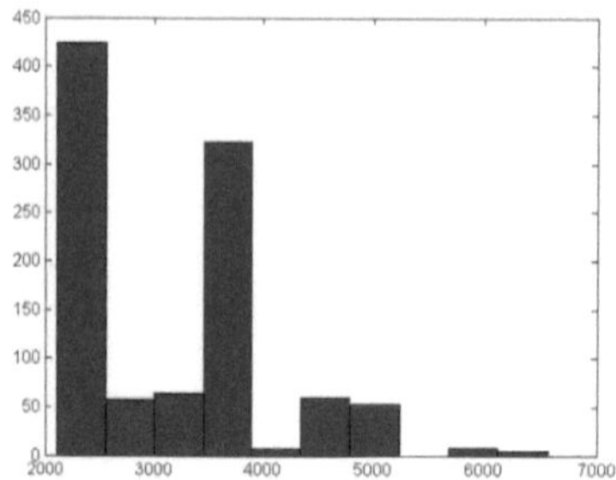

Abbildung 14: Summierte Funktionsaufrufe des kooperativen Verfahrens bei der Eierpappenfunktion

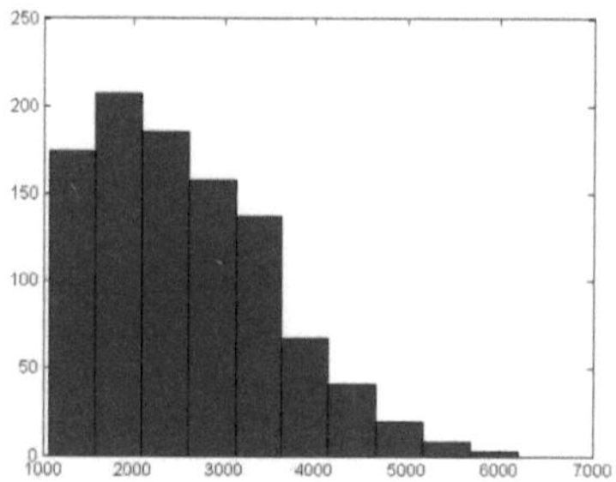

Abbildung 15: Summierte Funktionsaufrufe der Hyperstrategie bei der Eierpappenfunktion

16.

Der Aufwand vom kooperativem Verfahren und der Hyperstrategie ist sehr ähnlich, jedoch ist der durchschnittliche Aufwand der Differential Evolution etwas höher.

6.1.6 Spinnennetz Funktionsaufrufe

In den nachfolgenden Abbildungen 17 und 18 lässt sich ein Anhalt gewinnen welche dynamisch gewählten Basis-Verfahren-Kombinationen besonders geiegnet sind, das Problem zu lösen.

In beiden Diagrammen lässt sich kaum eine Präferenz für ein bestimmtes Basis-Verfahren ablesen. Was deutlich wird, ist nur, dass die Verwendung von mehr Iterationen von allen Verfahren auch zu einem besseren Ergebnis führt.

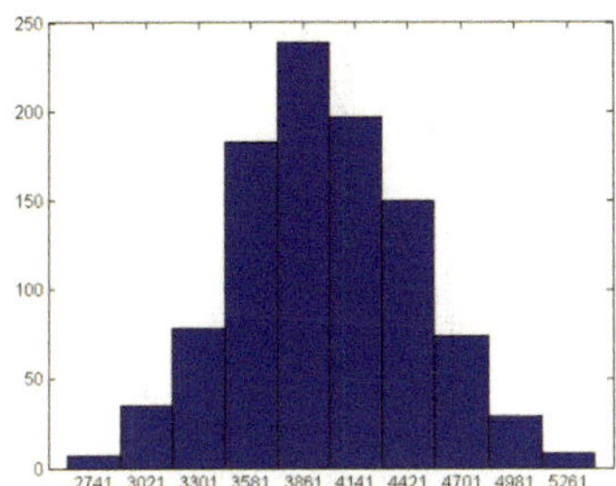

Abbildung 16: Summierte Funktionsaufrufe der Differential Evolution bei der Eierpappenfunktion

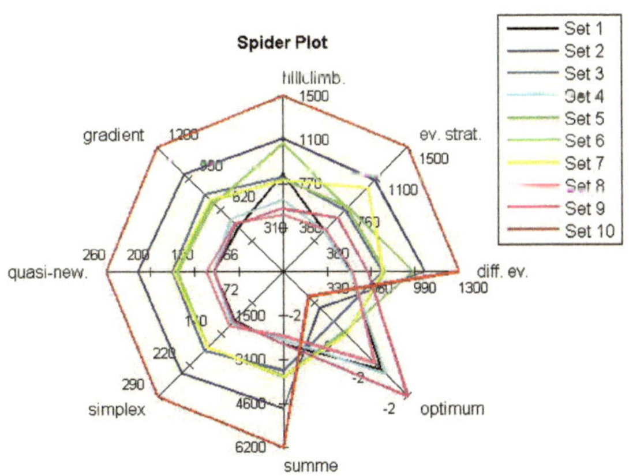

Abbildung 17: Funktionsaufrufe und Lösungsgüte des kooperativen Verfahrens bei der Eierpappenfunktion

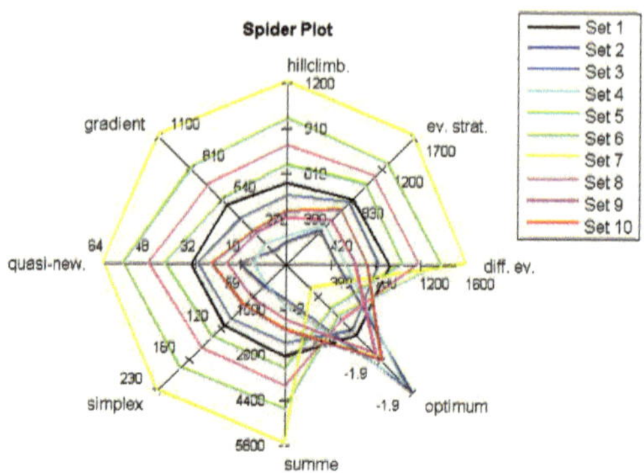

Abbildung 18: Funktionsaufrufe und Lösungsgüte der Hyperstrategie bei der Eierpappenfunktion

6.2 Rosenbrockfunktion

Die gleiche Evaluation, die im vorherigen Abschnitt anhand der Eierpappenfunktion durchgeführt wurde, wird nun anhand der Rosenbrockfunktion durchgeführt. Die Auswertung erfolgt wieder in denselben Kathegorien.

6.2.1 Populationsverlauf

Zunächst wird der Populationsverlauf bei der Rosenbrockfunktion verglichen. Das Ergebnis findet der Leser in den Abbildungen 19 und 20.

Man kann wieder die unterschiedliche Arbeitsweise der Verfahren erkennen: Das kooperative Verfahren verteilt die Individuen zunächst gleichmäßig und zieht sich dann auf einer Kontur der niedrigsten Höhenlinie zusammen. Die niedrigste Höhenlinie bildet das leicht abfallende Tal, welches durch das Minimum (1,1) verläuft. Zumindest bei der Unterabbildung zu Differential Evolution kann man das gut sehen. Auch die Iterationen der lokalen Suchverfahren 3-6 liegen auffällig auf der minimalen Höhenline.

Bei der Hyperstrategie zeigt sich wieder eher, dass diese in das Gebiet hineinwandert. Zumindest bei der Differential Evolution in Unterabbildung 1 sieht man das gut. Das Verfahren startet dort in der rechten oberen Ecke. Da die Differential Evolution zufällig schon sehr schnell (in Unterabbildung 1) die richtige Region findet (wir sind dort gerade bei den hellblauen bis hellgrünen Tönen in der Nähe des Optimums (1,1)), erfolgt dann die Vergrößerung des Populationsfensters schrittweise auf der Suche nach möglichen Verbesserungen, die natürlich nicht gefunden werden können. Das Populationsfenster bläht sich also so lange auf, bis das Verfahren abbricht. Daher die weite Verteilung bei der Evolutionsstrategie.

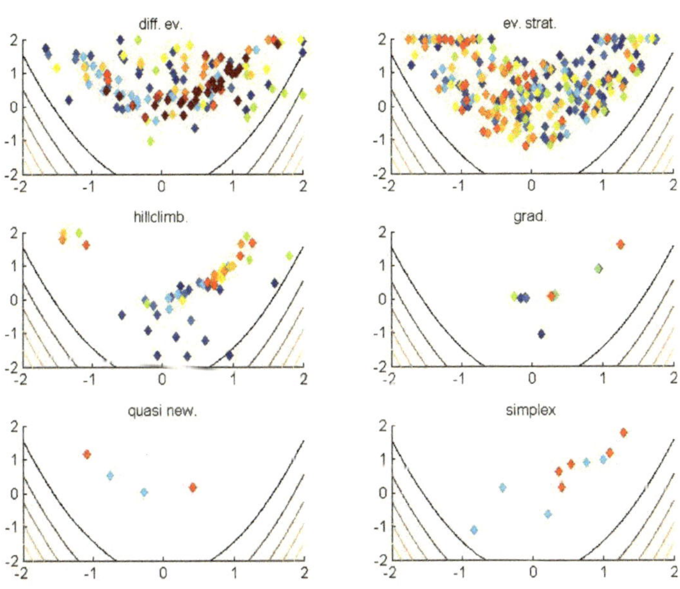

Abbildung 19: Populationsverlauf des kooperativen Verfahrens bei der Rosenbrockfunktion

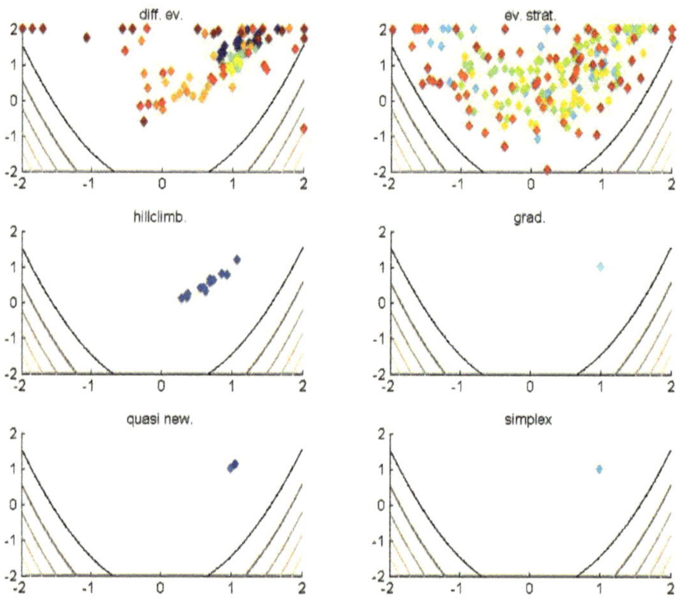

Abbildung 20: Populationsverlauf der Hyperstrategie bei der Rosenbrockfunktion

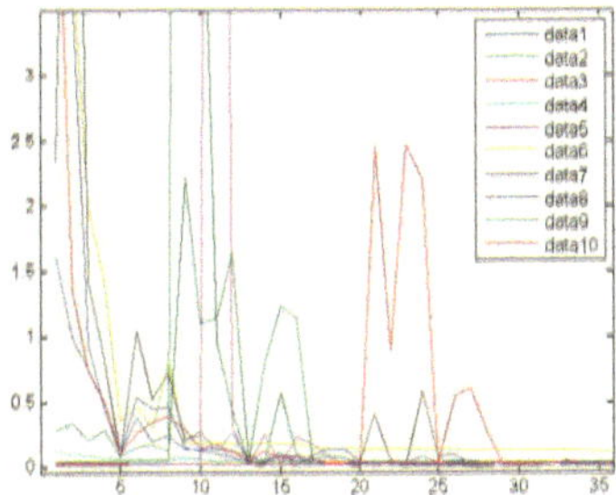

Abbildung 21: Zielfunktionsverlauf des kooperativen Verfahrens bei der Rosenbrockfunktion

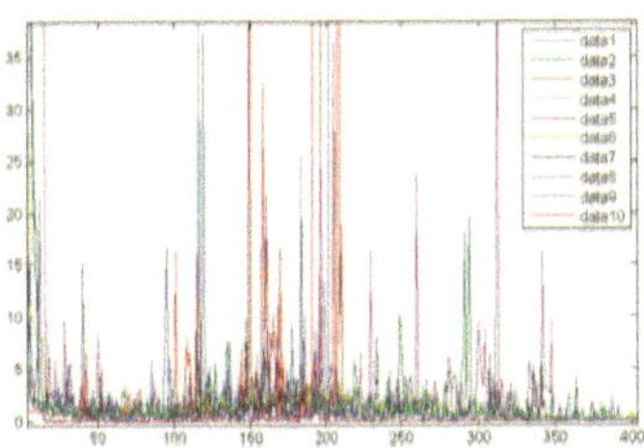

Abbildung 22: Zielfunktionsverlauf der Hyperstrategie bei der Rosenbrockfunktion

Lokale Suchverfahren haben nämlich schon in der blauen Phase das gefundene Optimum so weit verfeinert, dass es nicht mehr verbessert werden kann (vgl. Unterabbildungen 3-6).

6.2.2 Optimierungsfortschritt

In den folgenden Abbildungen 21 und 22 zeigt sich jeweils der Graph des Optimierungsfortschrittes der Zielfunktion. Man kann daran eventuell eine leichte Schwäche beider Verfahren erkennen.

Was sich hier erkennen lässt, ist dass es immer wieder Peaks im Diagramm gibt. Die Peaks rühren daher, dass die Population immer wieder neu aufgebaut werden muss. Der Neuaufbau führt immer zunächst zu einer Verschlechterung, die Individuen passen sich dann aber immer wieder schnell an die Zielfunktion an. Bei der Hyperstrategie geschieht die Anpassung schneller: Sie macht mehr Schritte mit weniger Individuen, daher sind die Peaks hier nur sehr schmal. Andererseits weisen die Populationen wegen ihrer geringen Größe auch nur eine geringe Dichte auf, daher ist es unwahrscheinlich, sofort besonders günstige Punkte dabei zu haben. Der Ausschlag erfolgt daher höher.

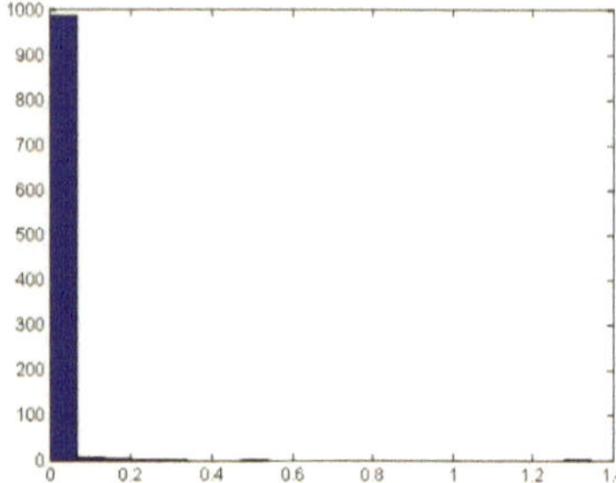

Abbildung 23: Funktionswerte gefundener Optima des kooperativen Verfahrens bei der Rosenbrockfunktion

Bei der Rosenbrockfunktion geht es wie schon erwähnt natürlich darum, einer sehr schmalen Rinne mit niedrigen Funktionswerten zu folgen. Jenseits steigen die Werte schnell an. Die Individuen verdichten sich also bei dem kooperativen Verfahren in der Rinne, während die Hyperstrategie eher der Rinne folgt. Wird eine neue Population um den letzten Optimalwert gestreut (was rechteckig geschieht und sich nicht der Form der Rinne anpasst), ist die Verschlechterung natürlcih zunächst einmal drastisch.

Nichtsdestotrotz sind das kurze Phasen im Prozess, in denen sich eine Population neu anpassen muss, die Verfahren bleiben trotzdem effizient. In vielen Fällen, wenn allerdings ein Verfahren im lokalen Optimum steckt (wie bei der Eierpapenfunktion), kann es jedoch gerade sinnvoll sein, neue Individuen in der Umgebung zu verstreuen.

6.2.3 Gefundene Funktionswerte

Einer der wichtigsten Anhaltspunkte für die Effizienz ist die Frage nach den Funktionswerten, die das Verfahren letztendlich als optimal ermittelt. Wieder erfolgt der Vergleich zur Sicherstellung der Konkurenzfähigkeit auch mit der Differential Evolution. Der Leser findet dies in den Abbildungen 23, 24 und 25.

Das kooperative Verfahren erreicht hier ähnliche Resultate, wie die Differential Evolution alleine. Es zeigt sich eine klare Überlegenheit der Hyperstrategie. Die Überlegenheit der Hyperstrategie war auch zu erwarten, da es sich um eine Funktion handelt, die sich besser für die Verfolgung als für quadrantsuche-ähnliche Verfahren eignet. Es wird sich allerdings später zeigen, dass die Differential Evolution hier mit viel mehr Funktionsaufrufen arbeiten muss, fehlen ihr doch die lokalen Suchverfahren, die einem Gradient folgen können.

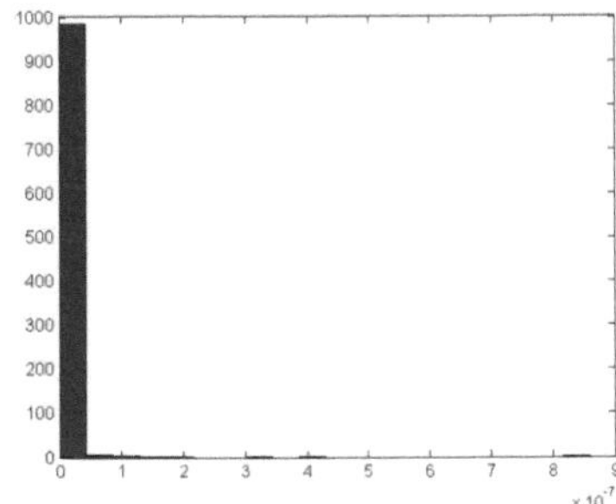

Abbildung 24: Funktionswerte gefundener Optima der Hyperstrategie bei der Rosenbrockfunktion

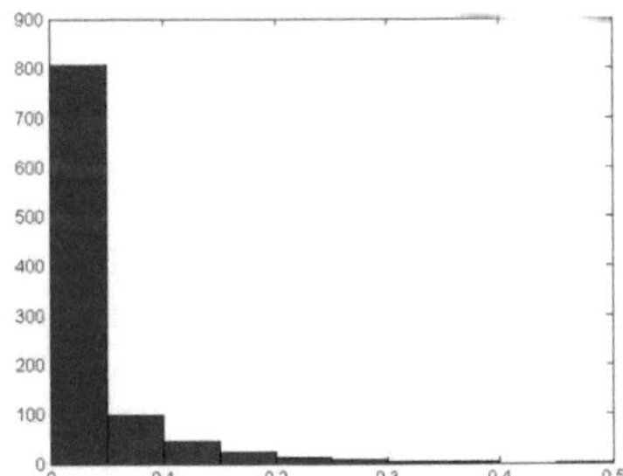

Abbildung 25: Funktionswerte gefundener Optima der Differnetial Evolution bei der Rosenbrockfunktion

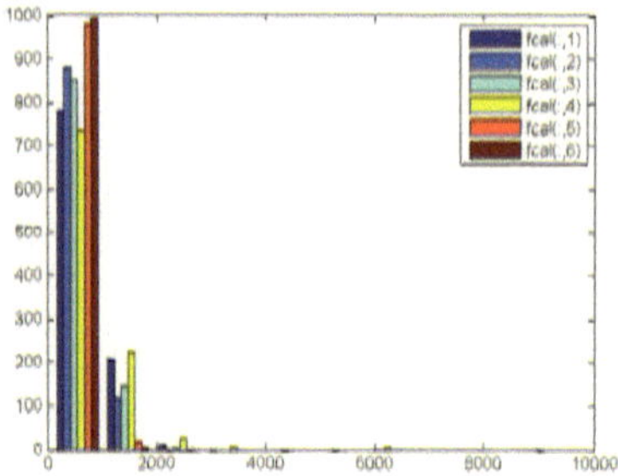

Abbildung 26: Funktionsaufrufe des kooperativen Verfahrens bei der Rosenbrockfunktion

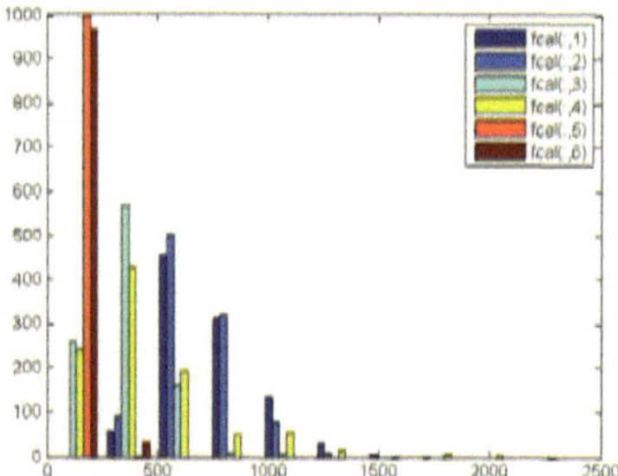

Abbildung 27: Funktionsaufrufe der Hyperstrategie bei der Rosenbrockfunktion

6.2.4 Funktionsaufrufe

Die Anzahl der Funktionsaufrufe, gegliedert nach den einzelnen Basis-Vefahren, geben einen Anhaltspunkt für die Arbeitsweise der Verfahren und zeigen, ob der Rechenaufwand bestimmter Verfahren untereinander ausbalanciert ist. Dies findet der Leser in den Abbildungen 26 und 27.

Die Basis-Verfahren zeigen wieder die Ausgeglichenheit, wie schon in 6.1.4 erklärt: Bei dem kooperativen Verfahren sind die Basis-Verfahren 1-4 ausgeglichen, bei der Hyperstrategie jeweils die Basis-Verfahren 1-2 und 3-4.

6.2.5 Summierte Funktionsaufrufe

Die summierten Funktionsaufrufe sind eine wichtige Messlatte für die Effizienz der Verfahren. Hierdurch wird nämlich der gesamte Rechenaufwand der Verfahren implemtierungsunabhängig beschrieben. Der Rechenaufwand ist bei stochastischen Verfahren natürlich

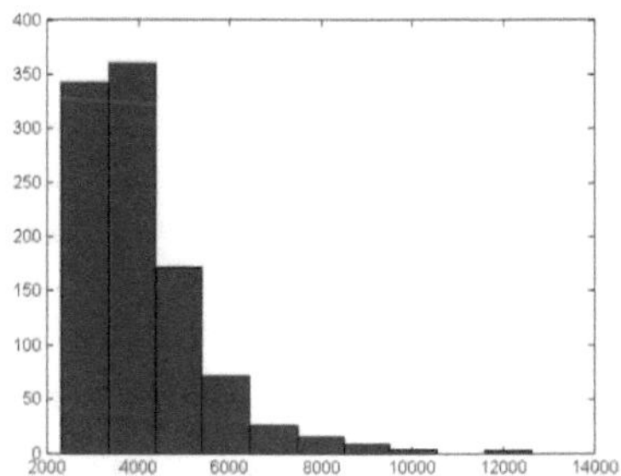

Abbildung 28: Summierte Funktionsaufrufe des kooperativen Verfahrens bei der Rosenbrockfunktion

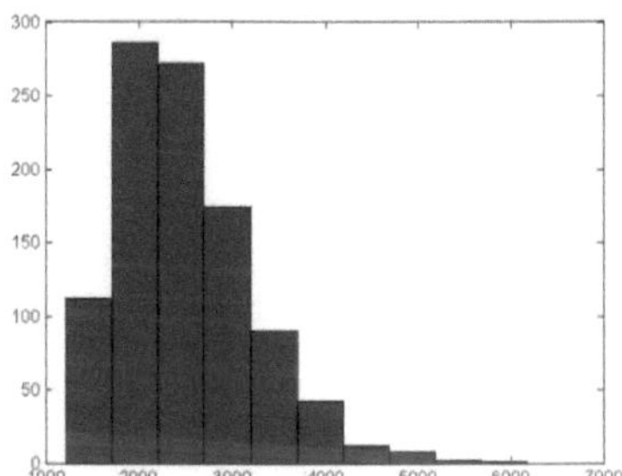

Abbildung 29: Summierte Funktionsaufrufe der Hyperstrategie bei der Rosenbrockfunktion

nicht immer gleich, sondern unterliegt einer Verteilung. Die Verteilung wird jeweils in Histogrammen in den Abbildungen 28, 29 und 30 dargestellt. Wieder erfolgt der Vergleich mit Differential Evolution alleine, was die Konkurrenzfähigkeit mit Einzelverfahren messen soll.

Die Hyperstrategie ist hier, wie schon zu erwarten, am besten, es folgt das kooperative Verfahren und am schlechtesten ist die Differnetial Evolution alleine. Kooperatives Verfahren und Hyperstrategie sind vergleichbar, Differential Evolution ist stark abgeschlagen. Die Differential Evolution ist hier als globales Suchverfahren auch ungeignet, handelt es sich doch um eine lokal konvexe Funktion, die lokale Optimierungsverfahren benötigt. Am effizientesten könnte man diese Funktion sicherlich mit Quasi-Newton alleine optimieren, die zusammengesetzten Verfahren zeigen jedoch ihre Generalität dadurch, dass sie durch Nutzung lokaler Verfahrensanteile die Lösung auch relativ schnell finden.

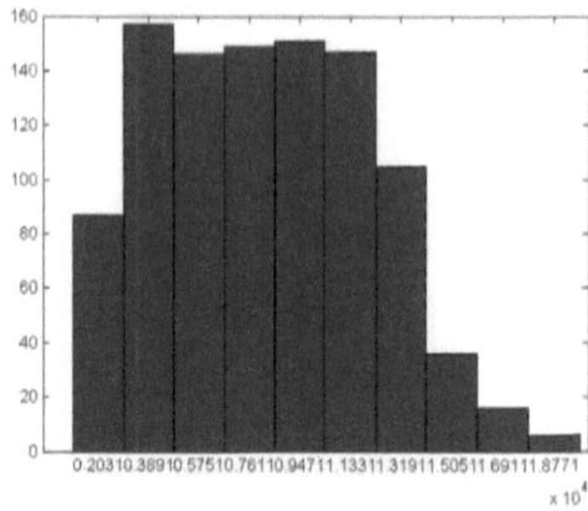

Abbildung 30: Summierte Funktionsaufrufe der Differential Evolution bei der Rosenbrockfunktion

6.2.6 Spinnennetz Funktionsaufrufe

Das Spinnennetz Funktionsaufrufe soll zeigen, welche dynamische Auswahl von Basis-Verfahren hier am besten zum Ziel führt. Im Spinnennetz-Diagramm kann man 10 Szenarios ablesen, die als typisch gelten können, denn sie wurden durch Clusterung aus 1000 Szenarios gewonnen. Die Szenarios werden jeweils in Zusammenhang gebracht mit der Güte des gefundenen Optimums. Man findet die Diagramme in den Abbildungen 31 und 32.

Was man hier als besonders effizient bezeichnen könnte, ist in der Abbildung 31 die gelbe Linie (Set 7) und in der Abbildung 32 die schwarze Linie (Set 1). Beide benötigen in der Summe nur wenige Funktionsaufrufe, finden einen guten Kandidaten für das Optimum und zeichnen sich durch folgende Verteilung der Verfahren aus: Eine moderate Verwendung der globalen Suchverfahren (Evolutionsstrategie und Differential Evolution) sowie eine sehr häufige Verwendung von Quasi-Newton. Gerade das einfache Gradientenverfahren scheint in diesen Szenarios überflüssig zu sein, denn diese Aufgabe kann viel effizienter durch Quasi-Newton erfüllt werden.

7 Zusammenfassung

Das Ziel der Arbeit wurde in sofern erreicht, dass nun zwei funktionsfähige kooperative Verfahren zur Verfügung stehen, die sich für einen breiten Anwendungsbereich eignen. Der Anwendungsbereich wird aufgespannt von den beiden Extremen, die durch die beiden Testfunktionen repräsentiert werden, nämlich einerseits Funktionen mit einer schwach ausgeprägten Grobstruktur und vielen lokalen Minima und andererseits Funktionen die zwar konvex sind, aber sehr schlecht konditioniert.

In der Evaluation konnte gezeigt werden, dass es tatsächlich prinzipbedingte Unter-

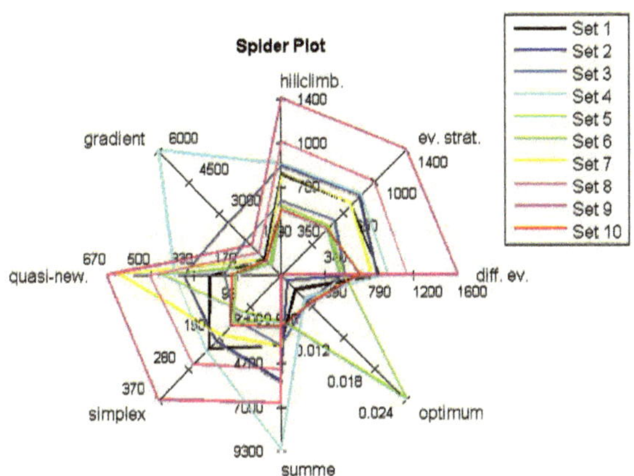

Abbildung 31: Funktionsaufrufe und Lösungsgüte des kooperativen Verfahrens bei der Rosenbrockfunktion

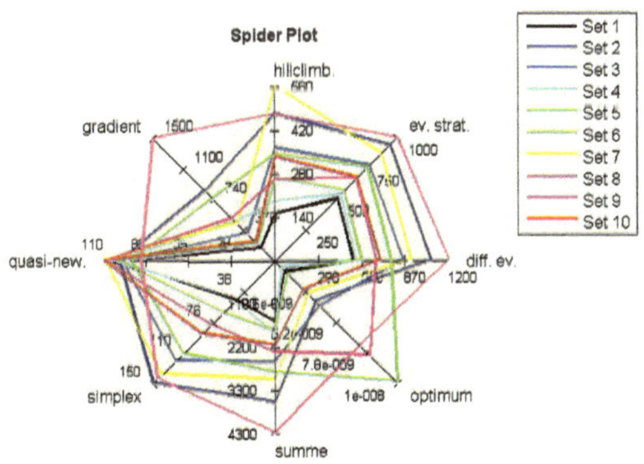

Abbildung 32: Funktionsaufrufe und Lösungsgüte der Hyperstrategie bei der Rosenbrockfunktion

schiede zwischen den Verfahren gibt, die sich aus ihrer unterschiedlichen Konzeption ergeben. Der "Ansatz mit dynamischer Verfahrensselektion" arbeitet eher nach der Charakteristik einer Quadrant-Suche, der "Ansatz mit Verstärkungslernen" arbeitet eher wie ein Hillclimber, der der Grobstruktur der Funtion folgt. Daraus ergeben sich unterschiedliche Anwendungsgebeite der beiden Verfahren, die Verfahren sind jedoch beide so generell, dass in den meisten Fällen beide Verfahren ähnlich gut zum Ziel führen.

Beide Verfahren bleiben konkurenzfähig zum Einzelverfahren "Differential Evolution", denn sie benötigen trotz ihrer Komplexität keinesfalls mehr Funktionsaufrufe für ein vergleichbar gutes Ergebnis. Bei konvexen, schlecht konditionierten Funktionen ist die "Differential Evolution" sogar deutlich im Nachteil, der Rechenaufwand ist fast dreifach so hoch. Man könnte in diesem Fall zwar auf "Quasi-Newton" als Einzelverfahren ausweichen, man hätte dann aber kein Verfahren mehr verglichen, welches immer funktioniert. Außerdem könnte man sich noch Funktionen vorstellen, deren Struktur lokal so unterschiedlich ist, dass man kein geeignetes Einzelverfahren (auch mit Expertenwissen) finden kann.

Bei der Auswahl geeigneter Low-Level Heuristiken lässt sich feststellen, dass einige Verfahren von anderen dominiert werden. So führt die Dominanz von "Quasi-Newton" dazu, dass der klassische Gradientenabstieg mit Linsearch bei konvexen Funktionen überflüssig wird. Das Verfahren wird dann von der Auswahlfunktion kaum noch gewählt, dies war bei beiden Verfahren der Fall. Außerdem lässt sich von der Eierpappenfunktion mit vielen Minima zur Rosenbrock-Funktion mit nur einem schlecht konditionierten Minimum eine Verschiebung in der Verwendung von globalen zu lokalen Suchverfahren beobachten.

Ausblick Die entwickelten Verfahren sind prinzipiell funktionsfähig, es gibt aber noch einiges an Anpassung zu tun: Der erste wichtige Punkt betrifft den Rechenaufwand, der einem Verfahren für einen Durchlauf zugewiesen wird, sollte das Verfahren gewählt werden: Zunächst ist man davon ausgegangen, dass der Rechenaufwand für alle Verfahren in etwa ausgeglichen sein sollte. Die Annahme ist auch sicherlich ungefähr richtig. Eine genaue Bestimmung der optimalen Rechenanteile könnte jedoch zur Steigerung der Effizienz der Verfahren beitragen.

Ein weiterer Punkt betrifft die Faktoren für das Zusammenziehen bzw. Expandieren des Populationsfensters. Die Faktoren wurden durch unsystematisches Probieren in etwa bestimmt, es gibt aber keine systematische Untersuchung über die Optimalität.

Viele For-Schleifen sind dafür zuständig, ein Verfahren eine feste Anzahl von Iterationen laufen zu lassen. Die Iterationen bilden einen Verfahrensblock bzw. Elementarschritt, der auf jeden Fall durchläuft, bevor weitere Steuerschritte erfolgen. Weder zu kurze noch zu lange Verfahrensblöcke sind optimal: Nach einem kurzen Verfahrensblock lässt sich ein Verfahren schlecht beurteilen, bzw. einige Verfahren sind nur sinnvoll, wenn sie eine gewisse Anzahl Iterationen nacheinander laufen. Zu lange Verfahrensblöcke lassen zu wenig Eingreifen von Steuerschritten zu. Auch hier sollte systematisch das Optimum gefunden werden.

Die genannten Optimierungspotentiale bleiben für spätere Forschungen offen.

Literatur

[1] Burke, E. ; Soubeiga, E.: Scheduling Nurses Using a Tabu-Search Hyperheuristic. In: *Proceedings of the MISTA I Nottingham* 1 (2003), S. 197–218

[2] Gerdes, Ingrid ; Klawonn, Frank ; Kruse, Rudolf: *Evolutionäre Algorithmen*. Vieweg, 2004

[3] Ibaraki, Toshihide (Hrsg.) ; Nonobe, Koji (Hrsg.) ; Yagiura, Mutsunori (Hrsg.): *Metaheuristics: Progress as real problem solvers*. Springer, 2005

[4] Jarre, Florian ; Stoer, Joseph: *Optimierung*. Springer, 2003

[5] Kommer, Andreas: *Differential Evolution, Eine neue evolutionäre Optimierungsmethode*. VDM Verlag Dr. Müller, 2008

[6] Nocedral, Jorge ; Wright, Stephen J.: *Numerical Optimization*. Springer, 2000

[7] Schneider, Stefan: *Rechnergetützte, kooperativ arbeitende Optimierungsverfahren am Beispiel der Fabriksimulation*. Kassel University Press GmbH, 2001

[8] Özcan, Ender ; Bilgin, Burak ; Korkmaz, Emin E.: A comprehensive analysis of hyper-heuristics. In: *Intelligent Data Analysis* 12 (2008), S. 3–23